Alexander Tambovtsev

Energieeinsparung in Kälteanlagen

Alexander Tambovtsev

Energieeinsparung in Kälteanlagen

Energieeinsparung in Kälteanlagen durch Kombination von thermostatischem Expansionsventil und innerem Wärmeübertrager

Südwestdeutscher Verlag für Hochschulschriften

Impressum/Imprint (nur für Deutschland/ only for Germany)
Bibliografische Information der Deutschen Nationalbibliothek: Die Deutsche Nationalbibliothek verzeichnet diese Publikation in der Deutschen Nationalbibliografie; detaillierte bibliografische Daten sind im Internet über http://dnb.d-nb.de abrufbar.
Alle in diesem Buch genannten Marken und Produktnamen unterliegen warenzeichen-, marken- oder patentrechtlichem Schutz bzw. sind Warenzeichen oder eingetragene Warenzeichen der jeweiligen Inhaber. Die Wiedergabe von Marken, Produktnamen, Gebrauchsnamen, Handelsnamen, Warenbezeichnungen u.s.w. in diesem Werk berechtigt auch ohne besondere Kennzeichnung nicht zu der Annahme, dass solche Namen im Sinne der Warenzeichen- und Markenschutzgesetzgebung als frei zu betrachten wären und daher von jedermann benutzt werden dürften.

Verlag: Südwestdeutscher Verlag für Hochschulschriften Aktiengesellschaft & Co. KG
Dudweiler Landstr. 99, 66123 Saarbrücken, Deutschland
Telefon +49 681 37 20 271-1, Telefax +49 681 37 20 271-0, Email: info@svh-verlag.de
Zugl.: Dresden, TU, Diss., 2007

Herstellung in Deutschland:
Schaltungsdienst Lange o.H.G., Zehrensdorfer Str. 11, D-12277 Berlin
Books on Demand GmbH, Gutenbergring 53, D-22848 Norderstedt
Reha GmbH, Dudweiler Landstr. 99, D- 66123 Saarbrücken
ISBN: 978-3-8381-0876-6

Imprint (only for USA, GB)
Bibliographic information published by the Deutsche Nationalbibliothek: The Deutsche Nationalbibliothek lists this publication in the Deutsche Nationalbibliografie; detailed bibliographic data are available in the Internet at http://dnb.d-nb.de.
Any brand names and product names mentioned in this book are subject to trademark, brand or patent protection and are trademarks or registered trademarks of their respective holders. The use of brand names, product names, common names, trade names, product descriptions etc. even without
a particular marking in this works is in no way to be construed to mean that such names may be regarded as unrestricted in respect of trademark and brand protection legislation and could thus be used by anyone.

Publisher:
Südwestdeutscher Verlag für Hochschulschriften Aktiengesellschaft & Co. KG
Dudweiler Landstr. 99, 66123 Saarbrücken, Germany
Phone +49 681 37 20 271-1, Fax +49 681 37 20 271-0, Email: info@svh-verlag.de

Copyright © 2008 Südwestdeutscher Verlag für Hochschulschriften Aktiengesellschaft & Co. KG and licensors
All rights reserved. Saarbrücken 2008

Produced in USA and UK by:
Lightning Source Inc., 1246 Heil Quaker Blvd., La Vergne, TN 37086, USA
Lightning Source UK Ltd., Chapter House, Pitfield, Kiln Farm, Milton Keynes, MK11 3LW, GB
BookSurge, 7290 B. Investment Drive, North Charleston, SC 29418, USA
ISBN: 978-3-8381-0876-6

Kurzfassung

Die Erfindung der Kältemaschine macht es möglich, dass heute zu beliebiger Zeit Kälte in benötigter Menge und gewünschter Temperatur erzeugt werden kann. Aber für die Kälteerzeugung braucht man Antriebsenergie.

Das Ziel dieser Doktorarbeit besteht darin, mit einer intelligenten Kombination von thermostatischem Expansionsventil (TEV) und innerem Wärmeübertrager (IWÜ) den Energieverbrauch von Kälteanlagen deutlich zu verringern, ohne dass dies zu einer Verschlechterung der Zuverlässigkeit oder wesentlichen Mehrkosten führt.

Bis heute gelten die beiden bekannten Komponenten TEV und IWÜ als inkompatibel miteinander, weil die einfache Aneinanderreihung zu einem instabilen Regelverhalten führt.

Nach detaillierter Analyse der Ursachen dieser Instabilität wird die Hypothese aufgestellt, dass durch eine absichtliche „Verschlechterung" des IWÜ ein stabiler Arbeitsbereich gefunden werden kann. Bei dieser „Verschlechterung" kann es sich z. B. um den Bypass eines Teils des Hochdruckstromes oder um eine Gleichstromanordnung der Ströme im Wärmeübertrager handeln.

Diese Hypothese wurde primär durch Experimente, aber zusätzlich auch durch Simulationsrechnungen bestätigt. Dafür wurde ein Versuchsstand aufgebaut, mit welchem verschiedene Konfigurationen und Regelstrategien getestet wurden. Es wurde eine deutliche Verringerung des Energieverbrauchs gegenüber herkömmlichen Anordnungen erreicht.

Vorwort

Die vorliegende Arbeit entstand während meiner Tätigkeit am Lehrstuhl für Kälte- und Kryotechnik des Institutes für Energietechnik der Technischen Universität Dresden in den Jahren 2003 bis 2007.

Mein ganz besonderer Dank gilt meinem Doktorvater Herrn Prof. Dr. sc. techn. Hans Quack für das Initiieren und für seine intensive Betreuung und Unterstützung der Arbeit.

Mein Dank gilt auch Herrn Dr.-Ing. W.E. Kraus für die Betreuung der Arbeit.

Ebenfalls gilt mein Dank der Firma Hans Güntner GmbH, der Firma Danfoss GmbH und der Firma DK-Kälteanlagen GmbH für die großzügige Unterstützung der Arbeit.

Ich bedanke mich besonders allen Mitarbeiten des Lehrstuhls für Kälte- und Kryotechnik, die mich während meiner Tätigkeit mit Rat und Tat unterstützten. Mein Dank gilt dabei insbesondere meinen Kollegen Hartmut Winkler, David Kirsten und den ehemaligen Kollegen Dr.-Ing. Dmitrii Goloubev und Dr.-Ing. Josef Řiha für ihre freundliche Hilfe in Theorie und Praxis. Ich danke Frau Mildred Wengler für ihre Hilfe bei der Korrektur der Arbeit.

Ebenso bedanke ich mich den Mitarbeiten des Werkstattverbunds Mollierbau, die mich bei dem Aufbau des Prüfstandes und zahlreichen Umbauarbeiten unterstützten.

Mein Dank gilt auch Herrn Prof. Dr.-Ing. habil. J. Huhn und Dipl.-Phys. A. Pohl für konstruktive und hilfreiche Diskussionen.

Ich bedanke mich ganz herzlich meinen Eltern, die mich während meiner Ausbildung immer stark unterstützt haben. Und ich möchte mich bei meiner Ehefrau für ihre Unterstützung tief bedanken.

Inhalt

KURZFASSUNG 1

VORWORT 3

INHALT 5

FORMELZEICHEN UND INDIZES 9

Lateinische Buchstaben 9

Griechische Buchstaben 10

Tiefgestellte Indizes 11

Hochgestellte Indizes 13

Abkürzungen 13

Ähnlichkeitskennzahlen 14

1 EINLEITUNG 15

2 AUFBAU VON KÄLTEMASCHINEN 16

2.1 Prinzipieller Aufbau 16
    2.1.1 Einfache Verdichterkältemaschine 16
    2.1.2 Einsatz des inneren Wärmeübertragers 17

2.2 Regelung 17
    2.2.1 Allgemein 17
    2.2.2 Die Regelung der Verdampferfüllung 18

3 MOTIVATION DER ARBEIT 20

4 GRUNDIDEE FÜR EINE ENERGETISCHE VERBESSERUNG 21

4.1 Beschreibung der Idee 21

4.2 Andere Verfahren zu einer Wärmeübergangsverbesserung 25

5 NUMERISCHE SIMULATION 26

5.1 Übersicht über das Simulationsprogramms 26

5.2 Physikalisches Strömungsmodell 28
    5.2.1 Allgemein 28
    5.2.2 Einphasenströmung 29

5.2.3 Zweiphasenströmung 29

5.3 Berechnung der Stoffdaten des Kältemittels 30
    5.3.1 Überhitzter Dampf und unterkühlte Flüssigkeit 30
    5.3.2 Zweiphasengebiet 32

5.4 Wärmeübertragung 32
    5.4.1 Wärmeübertragung bei Verdampfung und Verflüssigung 32
    5.4.2 Wärmeübertragung bei Strömung eines einphasigen Kältemittels 34
    5.4.3 Wärmeübertragung auf der Luftseite 35

5.5 Verdampfungs- und Kondensationsdruck 37

5.6 Modellierung der Kältekomponenten 38
    5.6.1 Verdampfer 39
    5.6.2 Verflüssiger und Sammler 41
    5.6.3 Expansionsventil 43
    5.6.4 Verdichter 47
    5.6.5 Innerer Wärmeübertrager 51

6 PRÜFSTAND 55

6.1 Messtechnik 56
    6.1.1 Tmperatur- und Druckmessung 56
    6.1.2 Volumenstrommessung 56
    6.1.3 Messdatenerfassung 57

7 SIMULATIONS- UND MESSERGEBNISSE 57

7.1 Anlage ohne inneren Wärmeübertrager 57

7.2 Kältekreislauf mit einem Gegenstromwärmeübertrager als IWÜ 59

7.3 Kältekreislauf mit Verteilung des Kondensats 60
    7.3.1 Stationäre Simulation 60
    7.3.2 Experimentelle Untersuchungen 63
    7.3.3 Regelverlauf 65
    7.3.4 Schlussfolgerung 66

7.4 Kältekreislauf mit innerem Wärmeübertrager in Gleichstrombauweise 67
    7.4.1 Theoretische Berechnungen des stationären Betriebs 67
    7.4.2 Experimente 73
    7.4.3 Regelverlauf 76

7.5 Schlussfolgerung 81

8 SIMULATIONSUNTERSUCHUNGEN ZUM TEV 83

8.1 Simulation 83

8.2 Untersuchungen zur Stabilität des Regelverhaltens 88

9 ZUSAMMENFASSUNG UND AUSBLICK 96

LITERATURVERZEICHNIS 98

ANHANG 101

Formelzeichen und Indizes

Lateinische Buchstaben

A	Fläche	m^2
c	Federkonstante	N/m
c	Strömungsgeschwindigkeit	m/s
c_p	spezifische Wärmekapazität bei konstantem Druck	$J/(kg \cdot K)$
d	Durchmesser	m
F	Kraft	N
g	Fallbeschleunigung ($9{,}81\ m/s^2$)	m/s^2
G	Übertragungsfunktion	$kg/(s \cdot m^2)$
h	spezifische Enthalpie	J/kg
H	Höhe	m
i	Variable zur Diskretisierung des Ortschrittes	
k	Wärmedurchgangskoeffizient	$W/(m^2 \cdot K)$
K_T	Korrekturfaktor	
L	Länge	m
m	Masse	kg
$\dot{m}$	Massenstrom	kg/s
n	Gesamtanzahl der Segmente	
p	Druck	Pa
P	Leistung	W
$\dot{Q}$	Wärmestrom	W
R	Radius	m
s	Schlupf	

s	Regelstrecke	
s	Rohrteilung	
T	absolute Temperatur	K
t	Celsius - Temperatur	$°C$
U	Umfang	m
U	Innere Energie	
V	Volumen	m^3
$\dot{V}$	Volumenstrom	m^3/s
v	spezifisches Volumen	m^3/kg
w	Strömungsgeschwindigkeit	m/s
w	Führungsgröße	
x	Dampfmassenanteil	
x	Regelgröße	
Xp	Proportionalbereich	
Xs	Stellbereich	
y	Ortskoordinate	m
y	Stellgröße	
z	Störgröße	
z	Ortskoordinate	m

Griechische Buchstaben

α	Wärmeübergangskoeffizient	$W/(m^2 \cdot K)$
β	Ventilkegelwinkel	°
β	Volumenausdehnungskoeffizient	$1/K$

δ	Dicke	m
Δ	Differenz	
ε	Flüssigkeitsvolumenanteil der Zweiphasenströmung	
ε	Leistungszahl	
ε	Schadraumvolumen	
η	dynamische Viskosität	$Pa \cdot s$
η	Wirkungsgrad	
κ	Isentropenexponent	
λ	Liefergrad	
λ	Wärmeleitfähigkeit	$W/(m \cdot K)$
ρ	Dichte	kg/m^3
τ	Zeit	s
ς	Widerstandsbeiwert	

Tiefgestellte Indizes

0	Verdampfung
A	Austritt
Ab	Abkühlung
a	außen
Anf	Anfangswert
c	Kondensation
E	Eintritt
EV	Expansionsventil
el	elektrisch
F	Temperaturfühler
FW	Fühlerwand

h	hydraulischer
H	Hub
Heiz	Heizung
HK	Kapsel des Hermetikverdichters
i	innen
i	Variable zur Diskretisierung des Ortschrittes
is	isentrop
K	Kondensator
Kl	Klemme
KM	Kältemittel
Kr	kritisch
KOMP	Verdichter
L	Luft
M	Membran
M	mittlerer Wert
m	mechanisch
max	Maximum
n	letztes Segment
OR	unberippte Fläche
R	Rippen
Re	Regler
S	Kältemittelsammler
SL	Saugleitung
St	Strecke
TEV	Thermostatisches Expansionsventil
th	theoretisch
U	Umgebung

Un	Unterkühlung
Ub	Überhitzung
V	Verdampfer
VS	Federvorspannung
W	Rohrwand

Hochgestellte Indizes

K	Kondensation
LV	Phasenübergang Flüssig - Gasförmig
V	Verdampfung
VL	Phasenübergang Gasförmig - Flüssig
'	Siedelinie
''	Taulinie
H	Hochdruckseite
N	Niederdruckseite

Abkürzungen

AV	Absperrventil
DM	Durchflussmessgerät
EV	Expansionsventil
GlWÜ	Gleichstromwärmeübertrager
GeWÜ	Gegenstromwärmeübertrager
HBR	Heißgas-Bypass-Regler
HEV	Handexpansionsventil

IWÜ	Innerer Wärmeübertrager
PI-Regler	Proportional-Integral-Rgler
PID-Regler	Proportional-Integral-Differential-Rgler
P-Regler	Proportional-Regler
RinRW	Rohr in Rohr-Wärmeübertrager
RBW	Rohrbündelwärmeübertrager
TEV	Thermostatisches Expansionsventil

Ähnlichkeitskennzahlen

Re	Reynolds-Zahl	$\mathrm{Re} = \dfrac{\dot{m} \cdot d}{\eta \cdot A_q}$
Nu	Nusselt-Zahl	$Nu = \dfrac{\alpha \cdot l}{\lambda}$
Pr	Prandtl-Zahl	$\mathrm{Pr} = \dfrac{\eta \cdot c_P}{\lambda}$
Fr	Froude-Zahl	$Fr = \dfrac{G^2}{\rho'^2 g \cdot d}$
Gr	Grashof-Zahl	$Gr = \dfrac{\beta \cdot g \cdot l^3 (t_W - t_F)}{\nu^2}$

1 Einleitung

Zuverlässigkeit, niedrige Kosten und niedriger Energieverbrauch sind – in dieser Reihenfolge – die wichtigsten Gesichtspunkte bei der Planung von Kältesystemen. Dies bedeutet, dass im Zweifelsfall der Energieverbrauch hinter den beiden anderen Gesichtspunkten zurückstehen muss.

Auf der anderen Seite wächst von politischer Seite im Rahmen der im Kyoto-Protokoll eingegangenen Verpflichtungen der Druck, Umweltgesichtspunkten eine größere Priorität einzuräumen. Für die Kältetechnik bedeutet dies u. a. die Aufforderung, intensiver nach Möglichkeiten zur Verminderung des Energieverbrauchs und der damit verbundenen Umweltbelastungen zu suchen. Hierzu ist die Kältebranche im Prinzip bereit – soweit es nicht auf Kosten der Zuverlässigkeit geht und nicht mit excessiven Kosten verbunden ist.

Am schwersten fällt das Nachdenken über Veränderungen bei Komponenten, die sich in der Vergangenheit als besonders zuverlässig und kostengünstig erwiesen haben. Ein Beispiel hierfür ist das thermostatische Expansionsventil (TEV). Dieses Regelorgan ist so preiswert, verlässlich und wichtig für den Schutz des Verdichters, dass die Hersteller und Nutzer weitgehend verdrängt haben, dass sein Einsatz oft zu einem eigentlich nicht notwendigen Mehrverbrauch an Antriebsenergie führt.

Die Verwendung des TEV hat nämlich einen Einfluss auf die Wahl der Verdampfungstemperatur. Um sicher eine genügende Überhitzung zu erhalten, wird oft eine tiefere Verdampfungstemperatur gewählt, als von der Auslegung des Verdampfers her eigentlich notwendig wäre. Pro Grad tiefere Verdampfungstemperatur muss mit einem Mehraufwand an Antriebsenergie von 2 bis 3% gerechnet werden.

Ein weiteres Beispiel für eine nicht genutzte Verringerung des Energieverbrauchs ist ein innerer Wärmeübertrager (IWÜ) zwischen dem Hochdruckstrom vor dem Expansionsventil und dem Niederdruckstrom nach dem Verdampfer. In den Lehrbüchern der Kältetechnik wird darauf hingewiesen, dass der IWÜ bei gewissen Kältemitteln zu einer Verminderung des Energieverbrauches führt. In der Praxis wird er jedoch kaum eingesetzt. Neben den Zusatzkosten dürfte der Hauptgrund hierfür die bisher angenommene Inkompatibilität des IWÜ mit dem bewährten TEV sein.

2 Aufbau von Kältemaschinen

Als Begründer der maschinellen Kälteerzeugung gilt der Franzose Ferdinand Carré, der 1860 die erste periodisch und kontinuierlich arbeitende Kältemaschine erfand. Den Grundstein zur modernen und wirtschaftlichen Kältetechnik legte jedoch der Deutsche Carl v. Linde. Er entwickelte 1877 die erste wirklich betriebssichere Kältemaschine und gilt neben Carré als bedeutender Pionier in der Kältetechnik. Mit der Weiterentwicklung der Kältetechnik zu Beginn des 20. Jahrhunderts erschlossen sich Anwendungsgebiete in fast allen Industriezweigen und Bereichen des gesellschaftlichen Lebens.

2.1 Prinzipieller Aufbau

2.1.1 Einfache Verdichterkältemaschine

Eine einfache Verdichterkältemaschine nach dem Stand der Technik, die in Abb. 2-1 schematisch dargestellt ist, besteht aus Verdichter 1, Verflüssiger 2, Expansionsventil 3 und Verdampfer 4.

Der Verdichter saugt aus dem Verdampfer das gasförmige Kältemittel ab. Der Kältemitteldampf wird im Verdichter komprimiert, wobei sich seine Temperatur und sein Druck erhöhen. Über die Druckleitung gelangt das komprimierte Kältemittel in den Verflüssiger. Durch Entzug von Wärme mittels eines Kühlmediums (meistens Luft oder Wasser) kondensiert das Kältemittel und fließt flüssig zum Drosselventil. Das Drosselventil reguliert die Durchflussmenge.

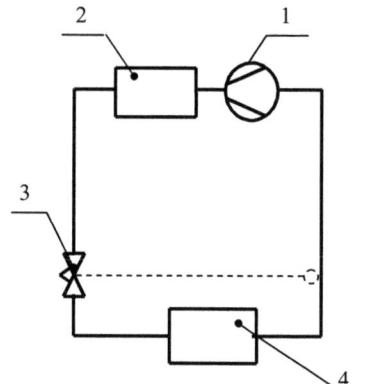

Abb. 2-1 Einfache Verdichterkältemaschine.
1-Verdichter; 2-Verflüssiger;
3-Expansionsventil; 4-Verdampfer.

Im Ventil wird das flüssige Kältemittel entspannt und dadurch auf den Druck gebracht, bei dem die Verdampfung stattfinden soll. Der Kreislauf ist geschlossen.

2.1.2 Einsatz des inneren Wärmeübertragers

Abb. 2-2 zeigt eine Kälteanlage mit innerem Wärmeübertrager (IWÜ) 5. Im inneren Wärmeübertrager wird Wärme vom Kondensatstrom auf den Niederdruckdampf übertragen. Es gibt theoretische Berechnungen, die zeigen, wann der Einsatz eines solchen Wärmeübertragers energetisch sinnvoll ist. Entscheidende Parameter sind die Verdampfungswärme des Kältemittels und die spezifische Wärme des Kältemitteldampfes. Es stellt sich heraus, dass für Kältemittel mit niedrigem Molekulargewicht, wie z. B. NH_3 der innere Wärmeübertrager nachteilig ist, für schwere Kältemittel wie die Kohlenwasserstoffe oder Fluorkohlenwasserstoffe (FKW) und ihre Gemische der Einsatz jedoch energetisch vorteilhaft ist.

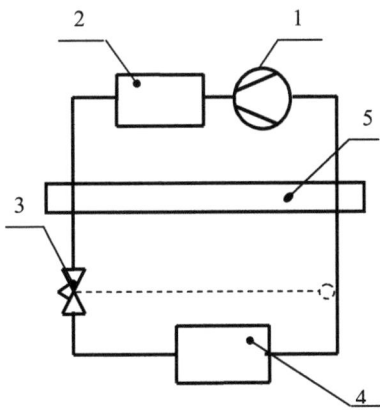

Abb. 2-2 *Verdichterkältemaschine mit innerem Wärmeübertrager*
  1-Verdichter; 2-Verflüssiger; 3-Expansionsventil; 4-Verdampfer; 5-innerer Wärmeübertrager

2.2 Regelung

2.2.1 Allgemein

Die Regelung ist ein Vorgang, bei dem eine Größe, die zu regelnde Größe, fortlaufend erfasst, mit einer anderen Größe, der Führungsgröße, verglichen und abhängig vom Ergebnis dieses Vergleichs im Sinne einer Angleichung an die Führungsgröße beeinflusst wird (DIN 19226).

Die Regelung hat die Aufgabe, trotz störender Einflüsse (z.B. durch eine Veränderung der Umgebungstemperatur) den Wert der Regelgröße (z.B. Raumtemperatur) an den durch die

Führungsgröße (z.B. die gewünschte Raumtemperatur) vorgegebenen Wert anzugleichen, auch wenn dieser Angleich im Rahmen gegebener Möglichkeiten nur unvollkommen gesichert werden kann (DIN 19226).

2.2.2 Die Regelung der Verdampferfüllung

Man unterscheidet überflutete Verdampfer und Trockenverdampfer. In dieser Arbeit werden nur Trockenverdampfer betrachtet. Für die Regelung der Verdampferfüllung werden Expansionsventile eingesetzt. Die Verdampferfüllungs-Regelung sichert, dass die entspannte Kältemittelflüssigkeit im Verdampfer vollständig verdampft. Damit entsteht keine Gefahr von Flüssigkeitsschlägen im Verdichter. Als Maß für die Verdampferfüllung dient meist die innerhalb des Verdampfers erzielte Sauggasüberhitzung. Ist dieser Wert zu niedrig, so ist die Verdampferfüllung zu groß und umgekehrt.

Für die Füllungsregelung des Verdampfers sind verschiedene mehr oder weniger komplizierte Regelgeräte entwickelt und verwendet worden. In Abb. 2-4 ist die am meisten verwendete Verdampferfüllungs-Regelung dargestellt.

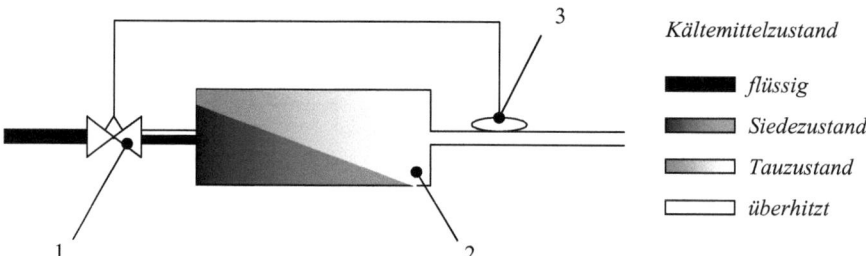

Abb. 2-4 *Verdampferfüllungs-Regelung.*
1-Drosselorgan; 2-Verdampfer; 3-Fühler

Die Verdampferfüllungs-Regelung mit einem thermostatischen Expansionsventil (TEV) ist eine selbständige Regelung. Bei einer solchen Regelung wird die Überhitzung am Verdampferende (der Temperaturunterschied zwischen der Dampftemperatur und der Sättigungstemperatur des Kältemittels am Austritt des Verdampfers) als Regelgröße zur Steuerung des Expansionsventils benutzt. Bei steigender Überhitzung öffnet das Ventil weiter, bei fallender Überhitzung schließt es etwas. Die Regelung sorgt für die optimale Füllung nur des Verdampfers, an dem sie wirkt, und ist von der Gesamtfüllung der Anlage unabhängig.

Der Verdampfer und das TEV bilden einen Regelkreis. Die Stabilitätsbedingungen für diesen sind recht kompliziert. Ein TEV ist ein Proportional-Regler (P-Regler). Die Kennlinie eines P-Reglers ist in Abbildung 2-5 dargestellt. Eine einwandfreie Wirkung des P-Reglers kann nur durch Anpassung von Verdampfer und Ventil-Kennlinie und die richtige Einstellung des Ventils erreicht werden. Bei einer Änderung einer an der Regelstrecke wirkenden Störgröße kann der P-Regler nicht ohne bleibende Abweichung arbeiten. Die Regelgröße wird solange von dem eingestellten Sollwert w_S abweichen, wie die Änderung der Störgröße bleibt.

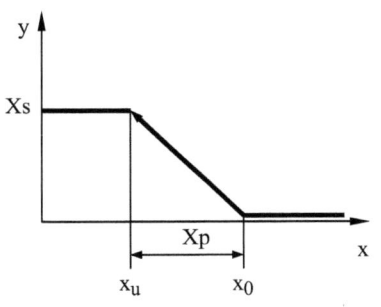

x_0 – oberer Wert der Regelgröße x

x_u - unterer Wert der Regelgröße x

Xp – Proportionalbereich (x_0 - x_u)

Xs – Stellbereich

Wirkungsrichtung (bei fallenden Werten der Regelgröße x) entsprechend dem Pfeil.

Abb. 2-5 Kennlinie eines P-Reglers

P-Regler sind wegen ihrer unkomplizierten und deswegen robusten Konstruktion sehr verbreitet.

Um die negativen Folgen des P-Reglers etwas zu mildern, wird oft ein sog. elektronisches Expansionsventil gewählt (PI- oder PID-Regler), welches eine etwas feinere Regelung ermöglicht. Bei der PI-Regelung ist die Stellgröße die Summe der Ausgangsgrößen einer P- und I-Regeleinrichtung. Die Übergangsfunktion des PI-Reglers zeigt, dass die Stellgröße zunächst wie bei einem P-Regler verstellt wird. Zusätzlich erfolgt eine weitere Änderung der Stellgröße auf Grund des I-Teils des Reglers. Bei dem PID-Regler ändert sich die Stellgröße weiter mit Hilfe des D-Teils. Abb. 2-6 zeigt die prinzipielle Darstellung der Verdampferfüllungs-Regelung mit einem elektronischen Expansionsventil.

Die elektronischen Expansionsventile haben die gleiche Funktion wie die thermostatischen Expansionsventile, sie verwenden jedoch Widerstandsthermometer. Die Thermometer sind am Ein- und Austritt des Verdampfers installiert. Das Regelgerät wertet die Temperaturdifferenz aus und gibt ein entsprechendes Regelsignal an das Stellglied. Sie sind deutlich teurer als die thermostatischen Expansionsventile und werden deshalb weniger oft eingesetzt.

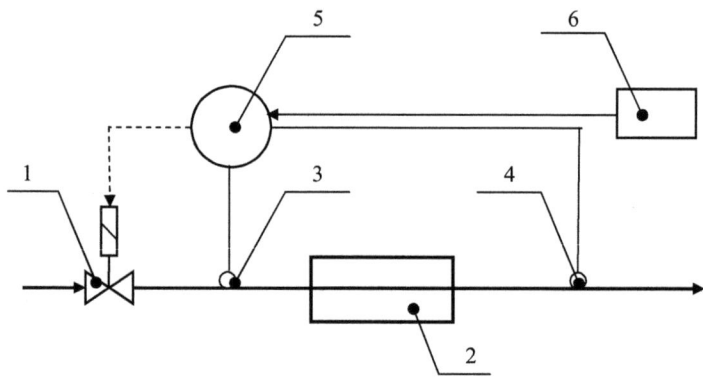

Abb. 2-6 *Schematische Darstellung der Funktion eines elektronischen Expansionsventil. 1-Expansionsventil; 2-Verdampfer; 3,4-Temperatursensor; 5-Überhitzungsregler; 6-Mikroprozessor*

3 Motivation der Arbeit

Es ist bekannt, dass bei Kaltdampfkälteanlagen die Verdampfungstemperatur des Kältemittels einen sehr großen Einfluss auf die benötigte Antriebsleistung hat. Eine um 1 K niedrigere Verdampfungstemperatur verursacht eine um etwa 2,5 % höhere Antriebsleistung. Eine Kälteanlage mit -8 °C hat somit eine um etwa 15 % höheren Antriebsleistung als eine mit -2 °C.

Trotzdem wird in der Praxis, z. B. bei Kühlhäusern und Supermärkten meist eine relativ tiefe Verdampfungstemperatur gewählt, weil dadurch eine kostengünstige Regelung mit thermostatischen Expansionsventilen möglich wird. Dabei nimmt man in Kauf, dass die bei einer Verdampfungstemperatur von -8 °C auftretende Frostbildung ein häufiges Abtauen des Verdampfers nötig macht, wodurch die Antriebsleistung noch zusätzlich erhöht wird. Außerdem ergeben sich bei der großen Differenz zwischen der Verdampfungstemperatur des Kältemittels und der Luftaustrittstemperatur relativ große Inhomogenitäten bei der Lufttemperatur, was oft zu einer größeren Wasserdampfausscheidung als nötig führt, wodurch z. B. den gelagerten Lebensmittel mehr Feuchtigkeit als erwünscht entzogen wird.

Wie oben schon erwähnt, hängt die Wahl der relativ tiefen Verdampfungstemperatur in erster Linie mit dem Wunsch zusammen, für die Drosselung des Kältemittels in die einzelnen

Verdampfer thermostatische Expansionsventile einsetzen zu können. Diese ermöglichen eine stabile Regelung mit ausreichendem Schutz der Kompressoren vor Flüssigkeitsschlägen und eine stabile Füllung des Verdampfers mit flüssigem Kältemittel. Da das TEV trotz seines einfachen Aufbaus in sich alle wichtigen Elemente eines Regelkreises enthält (Messfühler, Soll-Ist-Vergleich, Regler und Stellglied), ist es äußerst kostengünstig.

Eine wichtige Voraussetzung für den Einsatz des TEV ist jedoch, dass das Kältemittel im Verdampfer vollständig verdampft und anschließend auch noch deutlich überhitzt wird. Dies ist jedoch nur möglich, wenn die Verdampfungstemperatur deutlich tiefer ist als z. B. die zu kühlende Luft.

In diesem Sinne kann man also sagen, dass die Wahl des TEV „schuld" ist an der Wahl der tiefen Verdampfungstemperatur. Zu erwähnen ist noch, dass bei der Inbetriebsetzung von Anlagen die Monteure oft den Sollwert für die Überhitzung noch höher als vom Projektanten geplant ansetzen, „um auf der sicheren Seite" zu sein.

Das Ziel der Arbeit war, eine Schaltung zu finden, in welcher weiterhin das TEV verwendet werden und trotzdem die Verdampfungstemperatur deutlich angehoben werden kann. Dadurch sollen alle Vorteile des TEV weiter genutzt, die Nachteile jedoch vermieden werden.

4 Grundidee für eine energetische Verbesserung

4.1 Beschreibung der Idee

Die Aufgabe ist, unter der Beibehaltung des TEV die Überhitzung aus dem Verdampfer auszulagern, ohne dass dadurch der Kompressor gefährdet wird oder dass Kälteleistung verloren geht. Die erste – nicht neue – Idee war, einen zusätzlichen Wärmeübertrager einzusetzen, in dem der Rest der Flüssigkeit verdampft und der Dampf überhitzt wird. Solche Wärmeübertrager werden in der Kältetechnik als innerer Wärmeübertrager (IWÜ) bezeichnet.

In Abb. 4-1 ist dieser Prozess dargestellt. Der Fühler 6 des Expansionsventils 3 ist nach dem inneren Wärmeübertrager auf der Saugleitung platziert. Dadurch muss die Überhitzung nicht im Verdampfer, sondern kann im neuen Wärmeübertrager stattfinden. Das bedeutet, dass es möglich ist, die gesamte Verdampferfläche für die Verdampfung des Kältemittels zu nutzen. Man braucht keine Fläche für die Überhitzung, wo der Wärmeübergangskoeffizient relativ niedrig ist. Diese Anordnung ermöglicht eine Verringerung der Temperaturdifferenz im Verdampfer. Deswegen kann der gesamte Kältekreislauf bei höherer Temperatur der Verdampfung betrieben werden.

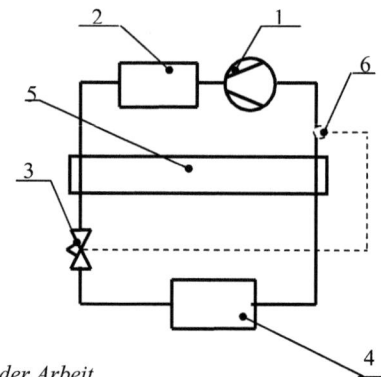

***Abb. 4-1** Grundidee der Arbeit.*
1-Verdichter; 2-Verflüssiger; 3-Expansionsventil; 4-Verdampfer; 5-innerer Wärmeübertrager; 6-Fühler des Ventils

Der Verdampfer ist ein Wärmeübertrager, in dem das Kältemittel beim Verdampfungsdruck verdampft. Er wird nur dann optimal genutzt, wenn auf der gesamten Verdampferfläche gute Wärmeübergangskoeffizienten vorliegen.

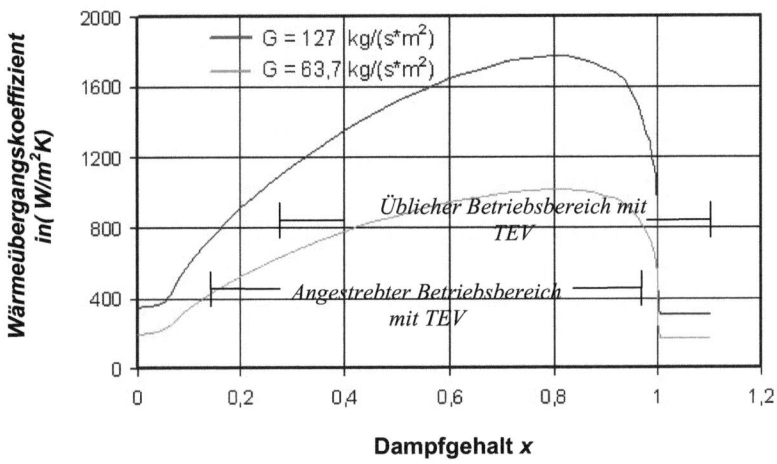

Abb. 4-2 *Wärmeübergangskoeffizient in Abhängigkeit vom Dampfgehalt, üblicher und angestrebter Betriebsbereich (Kältemittel: R507;Verdampfungstemperatur: 0°C)*

Abb. 4-2 zeigt die Änderung des Wärmeübergangskoeffizients in Abhängigkeit vom Dampfgehalt. Die Daten wurden mit Gleichungen, die im Kapitel 5.3 dargestellt sind, bekommen. Es ist deutlich zu sehen, dass bei der Verdampfung des Kältemittels der Wärmeübergang mehrfach größer ist als im Dampfgebiet. Das bedeutet, dass um die maximale Leistung im Verdampfer zu erreichen, die gesamte Fläche des Verdampfers mit verdampfendem Kältemittel benetzt werden muss. Andererseits muss auch bemerkt werden, dass es keine Gefahr für den Verdichter durch Flüssigkeitsschlag geben darf.

Leider funktioniert die in Abb. 4-1 gezeigte einfache Anordnung der Komponenten nicht. Sie ist regelungstechnisch nicht stabil. Diese Tatsache ist in der Fachwelt schon lange bekannt. Wir konnten dies durch eigene Messungen, die im Kapitel 7-2 beschrieben werden, bestätigen. Für diese Instabilität haben wir folgende Ursache identifiziert: Kommt etwas zu viel Flüssigkeit aus dem Verdampfer in den IWÜ, so führt dies dort durch Wärmeübertragung sehr schnell zu einer zusätzlichen Unterkühlung des Kondensats. Durch die zusätzliche Unterkühlung des Kondensats steigt der Massenstrom durch das Expansionsventil, ohne dass sich das Expansionsventil verstellt. Dies passiert, bevor der Temperaturfühler des Expansionsventils überhaupt eine Veränderung bemerkt hat. Die Vergrößerung des Massenstromes ist aber genau die falsche Reaktion. Bei Flüssigkeitsaustritt aus dem Verdampfer sollte der Massenstrom durch das Expansionsventil eigentlich verringert werden.

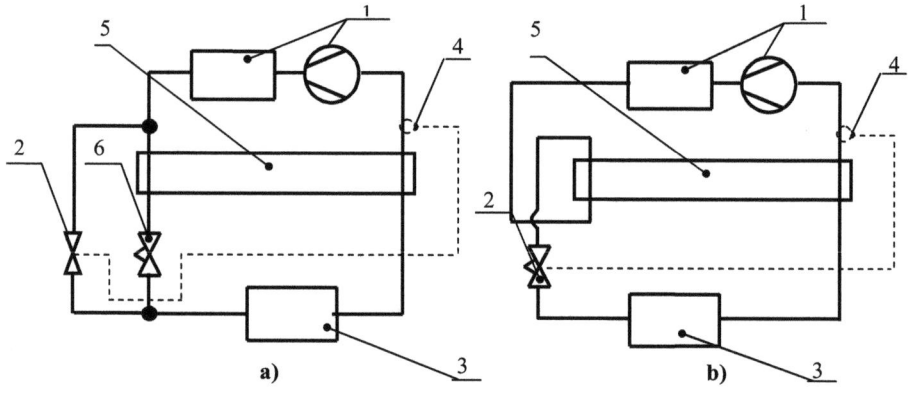

Abb. 4-3 *Alternative Kältekreisläufe.*

1-Verflüssigungssatz; 2,6-Expansionsventil; 3-Verdampfer; 4-Fühler; 5-innerer Wärmeübertrager

Um die Grundidee durchführen zu können, benötigt man somit eine zweite Idee. Diese besteht nun darin, die erwähnte Rückkopplung ganz auszuschalten oder zumindest langsamer zu machen als den Regelkreis des TEV. Man muss darauf achten, dass die Kühlwirkung des aus dem Verdampfer austretenden Flüssigkeits-Dampf-Gemisch nicht über die Wärmeübertragung im IWÜ schnell zum Drosselventil durchdringt.

Für die Lösung dieser Aufgabe wurden zwei Anordnungen gefunden:

- die Aufteilung des Kondensats auf zwei Ströme, von welchen der eine durch den IWÜ 5 strömt und der andere vom Expansionsventil 2 geregelt wird (Abb. 4-3 a)
- die Ausführung des IWÜ als Gleichstromwärmeübertrager 5 (Abb. 4-3 b).

Die in Abb. 4-3-a dargestellte Schaltung besteht aus Verflüssigungssatz, innerem Gegenstromwärmeübertrager, zwei Expansionsventilen und Verdampfer. Nach dem Verflüssiger verteilt sich der gesamte Massenstrom auf zwei Leitungen. Ein Teil des Massenstromes fließt über den IWÜ. Der Massenstrom wird mit einem Handdrosselventil fest eingestellt. Er wurde bei unseren Versuchen zwischen 10 und 45 % des gesamten Massenstroms fixiert. Der Hauptmassestrom wird mit dem Expansionsventil geregelt. Vor dem Verdampfer werden die beiden Massenströme gemischt und fließen gemeinsam in den Verdampfer. Bei der zweiten Schaltung (Abb. 4-3-b) wird der gesamte Kondensatstrom über den inneren Gleichstromwärmeübertrager geleitet und wird mit dem Expansionsventil geregelt.

Der IWÜ wird als Gleichstromwärmeübertrager geschaltet. Diese Idee ist neu und wurde von uns zum Patent angemeldet.

Beide in Abb. 4-3 gezeigten Anlagenschaltungen wurden in Rahmen dieser Arbeit experimentell und theoretisch untersucht.

4.2 Andere Verfahren zu einer Wärmeübergangsverbesserung

Abb. 4-4 zeigt andere Schaltungen, mit denen eine Verbesserung des Wärmeübergangs im Verdampfer realisierbar ist. Auch diese Verfahren arbeiten ohne Überhitzung im Verdampfer, und es ist bekannt, dass der Wärmeübergang deutlich besser ist als im Verdampfer mit Überhitzung.

Alle 3 Varianten enthalten einen Flüssigkeitsabscheider, sie sind deshalb sehr aufwendig. Dieser Aufwand lohnt sich nur bei großen Anlagen. Aber Systeme mit thermostatischem Expansionsventil sind in der Kältetechnik weit verbreitet, da sie sehr kostengünstig sind. Ziel der Arbeit ist also, eine kostengünstige Schaltung zu finden, so dass auch in kleinen Anlagen so gute Verdampfer möglich werden, wie sie bereits in großen Anlagen zum Einsatz kommen.

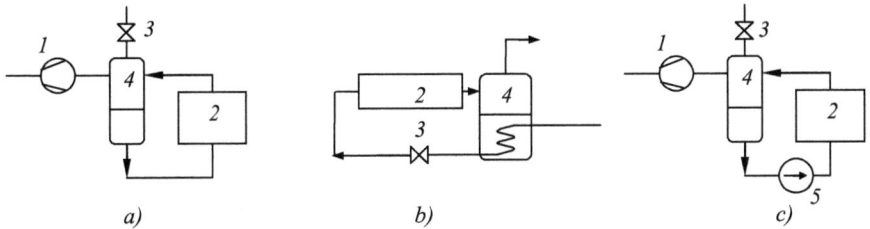

***Abb. 4-4** Andere Verfahren zur Verbesserung des Wärmeübergangs im Verdampfer*
    a) Thermosiphon
    b) Niederdruck-Abscheider
    c) Pumpsystem
    1 – Verdichter; 2 – Verdampfer; 3 – Expansionsventil; 4 – Abscheider; 5 - Pumpe

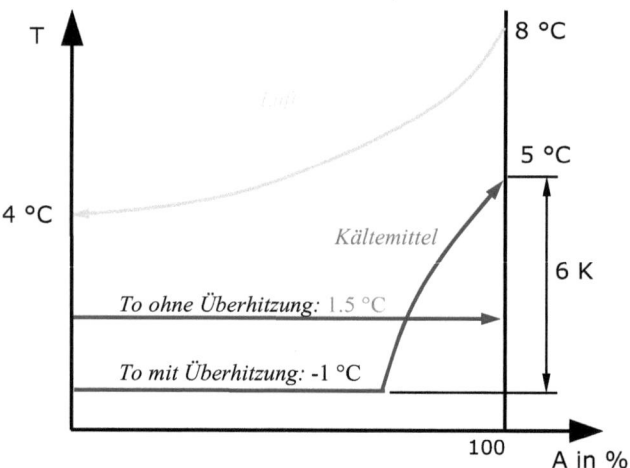

Abb. 4-5 Temperaturverlauf im Verdampfer mit und ohne Überhitzung.

Abb. 4-5 zeigt als ein Beispiel den Temperaturverlauf der Luft und des Kältemittels in einem Verdampfer mit und ohne Überhitzung.

Wenn die Überhitzung im Verdampfer stattfindet, dann muss das Kältemittel bei einer tieferen Temperatur im Verdampfer verdampfen. Die in Abb. 4-4 gezeigten Verfahren arbeiten ohne Überhitzung im Verdampfer. Dadurch kann die Verdampfungstemperatur deutlich angehoben werden. Das Ziel dieser Arbeit besteht darin das gleiche Prinzip im Trockenverdampfer zu realisieren.

5 Numerische Simulation

Es ist sinnvoll, neue Fließbilder zunächst theoretisch zu simulieren, bevor man Experimente plant. Für die Berechnung von stationären Kältekreisläufen gibt es eine große Anzahl kommerzieller Programme. Zur Simulation von Regelaufgaben, also für die Berechnung instationärer Vorgänge, gibt es zurzeit wenige passende Programme. Deshalb musste ein eigenes Programm geschrieben werden.

5.1 Übersicht über das Simulationsprogramm

Zur Simulation des dynamischen Verhaltens der Kälteanlage wurde das Simulationswerkzeug *Modelica/Dymola* verwendet. Die Software bietet die Möglichkeit, verschiedenste Arten physikalischer Systeme zu modellieren und miteinander zu kombinieren [8], [9], [10], [11], [12].

Das Programm verwendet eine Methodologie, die auf Objekt-Orientierung und Gleichungen basiert. Die Modellbildung erfolgt dabei komponentenbasiert mit der Weitergabe von physikalischen Größen an den Schnittstellen. Das bedeutet, das Gesamtmodell wird aus den Teilmodellen der verschiedenen Komponenten aufgebaut. Die Teilmodelle bestehen aus einem Initialisierungsteil zu Beginn, wo alle Variablen und Parameter beschrieben werden, und einem equation-Abschnitt, in dem die eigentliche Beschreibung der Modelleigenschaften durch die mathematische Verknüpfung der vorhandenen Größen stattfindet. Die Flexibilität des Programms besteht darin, dass es keine Rolle spielt, in welcher Reihenfolge die Gleichungen geschrieben werden. Das System von Differential-Algebraischen Gleichungen wird zur eigentlichen Simulation in einen C-Code übersetzt und mit üblichen Integrationsalgorithmen numerisch gelöst. Für die Verbindung aller Modelle müssen zusätzliche Verknüpfungen, in denen sämtliche Größen festgelegt werden, geschrieben werden. Abb. 5-1 zeigt das prinzipielle Schema einer Kälteanlage mit in Fließrichtung weitergegebenen Parametern. *Modelica/Dymola* bietet eine grafische Oberfläche zur Erstellung der Modelle und ein einfaches Interface.

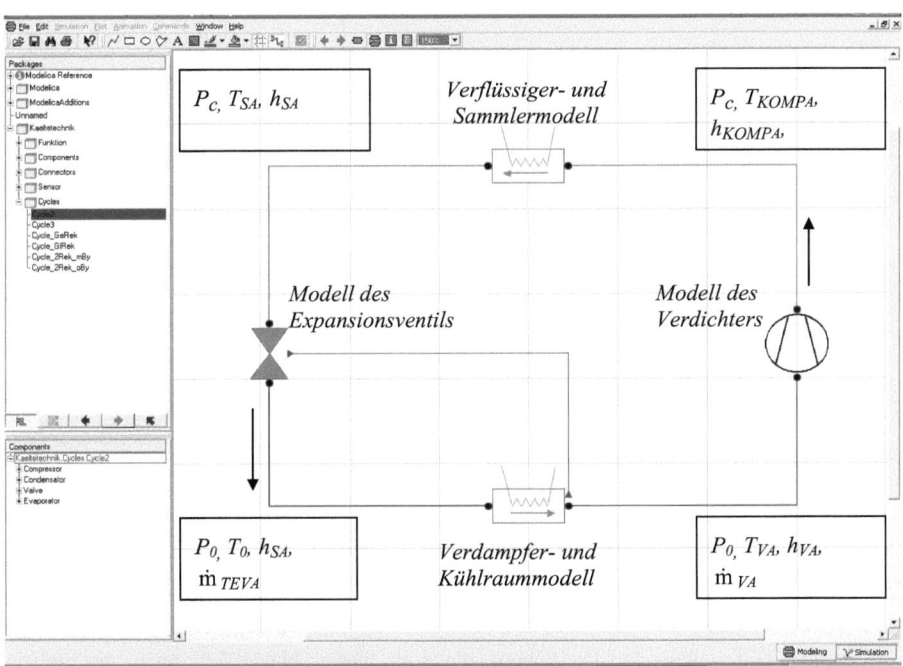

Abb. 5-1 Schema eines Kälteanlagenmodells in Modelica

5.2 Physikalisches Strömungsmodell

5.2.1 Allgemein

Bei der Beschreibung der Prozesse in Kältekomponenten wurden die Erhaltungssätze von Masse und Energie für die eindimensionale Rohrströmung verwendet. Bei der Strömung eines Stoffes durch ein Rohr mit konstantem Querschnitt kann der Erhaltungssatz für Masse für ein Volumenelement in der folgenden Form geschrieben werden:

$$\frac{d\rho}{d\tau} - \frac{dG}{dL} = 0 \tag{5.1}$$

Abb. 5-2 präsentiert schematisch die Masseerhaltung. Die Änderung der gespeicherten Masse in einem Volumenelement ist gleich der Summe der über die Grenze des Volumenelements tretenden Ströme des Stoffes.

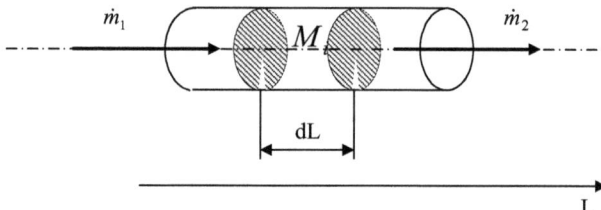

Abb. 5-2 *Massenbilanz bei eindimensionaler Strömung im Rohr*

In Abb. 5-3 ist die Energiebilanz für ein Volumenelement eines Wärmeübertragers dargestellt.

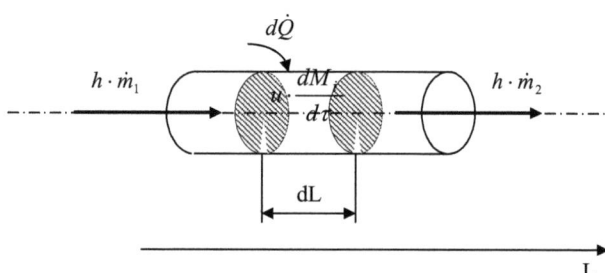

Abb. 5-3 *Energiebilanz bei eindimensionaler Strömung im Rohr*

Will man offene oder geschlossene Systeme betrachten, so stellt der Energieerhaltungssatz eine wichtige Hilfestellung dar. Die Energie, die in ein System hineinfließt, minus der Energie, die das System verlässt, muss gleich die Änderung der Systemenergie sein. Mathematisch kann der Energieerhaltungssatz als folgende Gleichung beschrieben werden:

$$\frac{d(\rho \cdot u)}{d\tau} - \frac{d(\rho \cdot c \cdot h)}{dL} - \frac{d\dot{Q}}{dV} = 0 \qquad (5.2)$$

5.2.2 Einphasenströmung

Fließt im Rohr ein einphasiges Kältemittel (Flüssigkeit oder Dampf) und wird ein Segment mit konstanter Länge betrachtet und wird von instationärer Zustandsänderung ausgegangen, so nimmt in diesem Fall der Masseerhaltungssatz folgende Form an:

$$\frac{dm}{d\tau} + \dot{m}_A - \dot{m}_E = 0 \qquad (5.3)$$

Der Energieerhaltungssatz für das Segment mit der Definitionsgleichung der inneren Energie

$$U = H - pV \qquad (5.4)$$

ergibt sich aus:

$$\frac{d(m \cdot h)}{d\tau} = d(\dot{m} \cdot h) + \dot{Q} + V\frac{dp}{d\tau} \qquad (5.5)$$

5.2.3 Zweiphasenströmung

Als Zweiphasenströmung versteht man die Strömung eines Gemisches von Dampf und Flüssigkeit. Abbildung 5-4 zeigt die Strömung eines zweiphasigen Kältemittels durch ein Volumenelement.

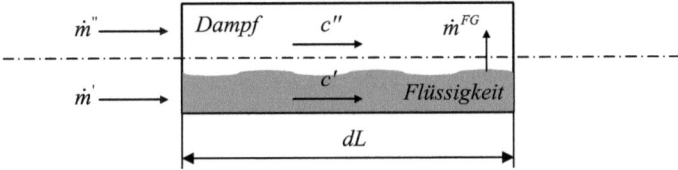

Abb. 5-4 Zweiphasenströmung

Das Verhältnis zwischen den Geschwindigkeiten von Dampf und Flüssigkeit wird als Schlupf bezeichnet (sehe Anhang A.4):

$$s = \frac{c''}{c'} \qquad (5.6)$$

Der spezifische Strömungsdampfgehalt ist das Verhältnis des Dampfmassenstroms des Kältemittels zum gesamten Kältemittelmassenstrom:

$$x = \frac{\dot{m}''}{\dot{m}''+\dot{m}'} \qquad (5.7)$$

Der örtliche Flüssigkeitsvolumenanteil ε in einem Volumen ergibt sich aus folgender Gleichung:

$$\varepsilon = \frac{m'}{\rho' \cdot V} \qquad (5.8)$$

Die Eigenschaften im Zweiphasengebiet können mit Hilfe des spezifischen Gasvolumenanteils $(1-\varepsilon)$ bestimmt werden. Zum Beispiel kann die Dichte des Kältemittels mit folgender Gleichung berechnet werden:

$$\rho = \rho'' + \varepsilon(\rho' - \rho'') \qquad (5.9)$$

5.3 Berechnung der Stoffdaten des Kältemittels

Es gibt verschiedene kommerzielle Stoffdatenprogramme (wie z.B. [16], [17]), mit denen man die Eigenschaften von Kältemitteln in alle Zustandsbereichen berechnen kann. Bei dynamischer Simulation physikalischer Prozesse müssen Stoffdaten sehr oft ermittelt werden. Deswegen werden für die Vereinfachung der Stoffdatenberechnung oft vereinfachte Gleichungen benutzt. Die in den folgenden Erläuterungen dargestellten Beziehungen für die Kältemittel R507 und Ammoniak wurden aus Werten der NIST-Databank [16] entnommen.

5.3.1 Überhitzter Dampf und unterkühlte Flüssigkeit

Für die Berechnung der Kältemitteleigenschaften im einphasigen Bereich wurde das einfache p,T,h-Verhalten benutzt. Im flüssigen Bereich wird für die Bestimmung der spezifischen Enthalpie h des Kältemittels beim Druck p der einfache Zusammenhang

$$h = h' - c_P' \cdot (t_K - t) \qquad (5.10)$$

gewählt.

Die Dichte der Flüssigkeit wurde in Funktion der Siedetemperatur berechnet.

$$\rho(t) = \rho'(t) \qquad (5.11)$$

Abbildungen 5-5b zeigt den Verlauf der spezifischen Enthalpie und der Dichte im Vergleich mit der NIST-Databank im Bereich der unterkühlten Flüssigkeit. Eine ähnliche Beziehung wurde für die Berechnung der Enthalpie für das überhitzte Dampfgebiet verwendet.

$$h = h^{"} + c_P^{"} \cdot (t - t_o) \tag{5.12}$$

Um die Dichte des überhitzten Dampfes zu berechnen, wurde folgende Gleichung verwendet

$$\frac{\rho}{\rho^{"}} = \frac{T^{"}}{T} \tag{5.13}$$

Die Abweichungen der mit den Gleichungen 5.11 -5.13 berechneten Stoffwerte von Werten der NIST-Databank sind in den Abbildungen 5-5 und 5-6 für verschiedene Drücke dargestellt. Die Abweichung der verwendeten Daten liegt bei unter 4 %.

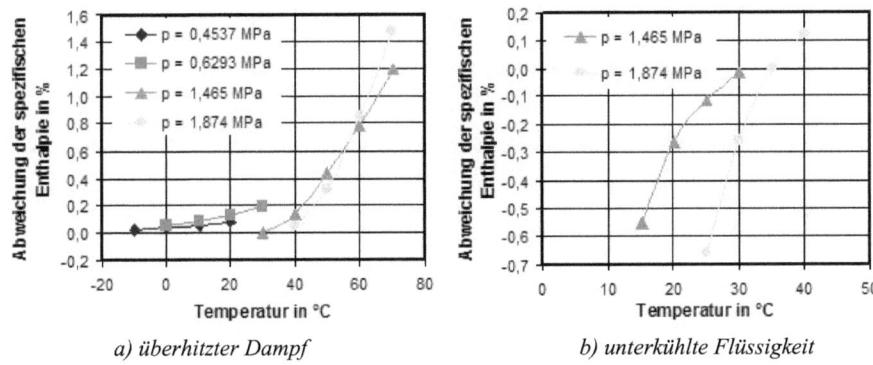

a) überhitzter Dampf   *b) unterkühlte Flüssigkeit*

Abb. 5-5 *Abweichung der spezifischen Enthalpie von Werten der NIST-Databank (R507)*

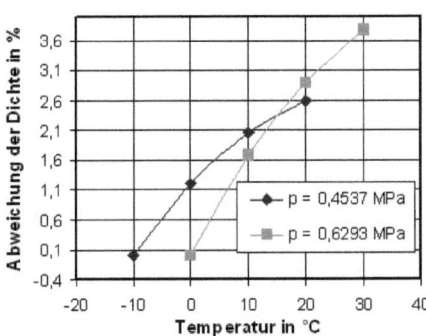

Abb. 5-6 *Abweichung der Dichte von Werten der NIST-Databank (überhitzter Dampf) (R507)*

5.3.2 Zweiphasengebiet

Die Bestimmung der Kältemitteleigenschaften auf der Sättigungs- und Taulinie wird durch polynomische Gleichungen durch Kurvenanpassung aus Werten [16] gewonnen. Die polynomischen Gleichungen für das Kältemittel R507 sind im Anhang A.2 Tab. A7 dargestellt und für Ammoniak dem Anhang A.2 Tab. A8 zu entnehmen. Die Abweichung der Werte, die mit diesen Gleichungen berechnet wurden, zur NIST-Databank beträgt weniger als 1 % im Druckbereich zwischen 3 und 20 bar.

5.4 Wärmeübertragung

In Kälteanlagen spielt die Wärmeübertragung eine wichtige Rolle. Sie soll überall dort besonders günstig sein, wo Wärme von einem Stoffstrom möglichst ohne Verluste auf einen anderen Stoffstrom übertragen werden soll (z.B. in allen Wärmeübertragern). Die Wärmeleitfähigkeit der Wand, durch welche die Wärme übertragt wird, hat meistens einen zuvernachlässigenden Einfluss auf den Wärmeübergang.

5.4.1 Wärmeübertragung bei Verdampfung und Verflüssigung

Für die Berechnung des Wärmeübergangskoeffizienten des verdampfenden Kältemittels in einem Rohr wird die Gleichung nach Shah [14] verwendet:

$$\alpha^V = 0,023 \cdot 3,9 Fr^{0,24} \cdot \frac{\lambda'}{d_a} \cdot \Pr^{0,4} \cdot \left(\frac{G \cdot (1-x) \cdot d_h}{\eta'}\right)^{0,8} \cdot \left(\frac{x}{1-x}\right)^{0,64} \cdot \left(\frac{\rho'}{\rho''}\right)^{0,4} \quad (5.14)$$

Mit der Gleichung kann der örtliche Wert des Wärmeübergangskoeffizienten bestimmt werden.

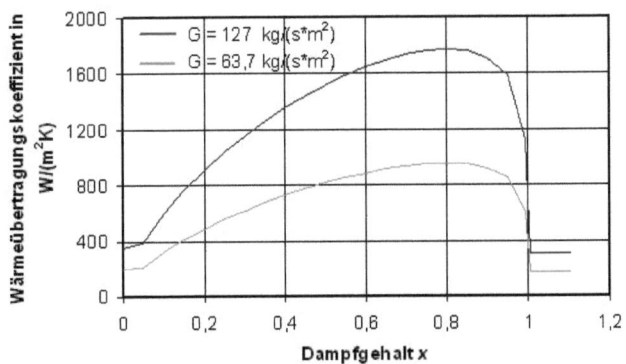

Abb. 5-7 *Wärmeübergangskoeffizient bei der Verdampfung und der Überhitzung des Kältemittels (Kältemittel: R507; Verdampfungstemperatur: 0°C)*

Abb. 5-7 stellt die nach der Gleichung 5.14 und der Gleichung 5.17 berechneten Werte des Wärmeübergangskoeffizients im ein- und zweiphasigen Bereich dar. Die Werte wurden für das Kältemittel R507 bei der Verdampfungstemperatur 0 °C und für zwei verschiedene Massenstromdichten berechnet.

Für Verflüssigung gilt nach Shah [14] folgende Gleichung:

$$\alpha^K = 0{,}023 \cdot \frac{\lambda'}{d_a} \cdot \left(\frac{G \cdot d_h}{\eta'}\right)^{0{,}8} \cdot \left((1-x)^{0{,}8} + \frac{3{,}8 \cdot (1-x)^{0{,}04} \cdot x^{0{,}76}}{\left(P/P_{Kr}\right)^{0{,}38}}\right) \cdot \Pr^{0{,}4} \qquad (5.15)$$

In Abb. 5-8 sind die nach der Gleichung 5.15 berechneten Werte dargestellt.

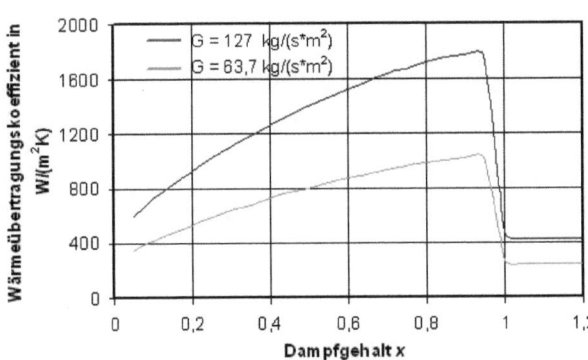

Abb. 5-8 *Wärmeübergangskoeffizient bei der Verflüssigung und der Abkühlung des Kältemittels (Kältemittel: R507; Verflüssigungstemperatur: 40 °C)*

Es wird hier der hydraulische Durchmesser d_h verwendet, der von der Geometrie des Kanals, in dem der Stoff strömt, abhängt. Bei kreisförmigen Kanälen ist d_h gleich dem inneren Rohrdurchmesser. Im Fall der Strömung in Kanälen mit nicht kreisförmigem Querschnitt kann der hydraulische Durchmesser wie folgt berechnet werden:

$$d_h = \frac{4A}{U} \qquad (5.16)$$

5.4.2 Wärmeübertragung bei Strömung eines einphasigen Kältemittels

Bei turbulenter Strömung eines einphasigen Kältemittels im Rohr wird für die Berechnung des Wärmeübergangskoeffizienten die Gleichung nach Dittus-Bölter-Kraussold [13] verwendet:

$$\alpha = 0{,}023 \cdot \mathrm{Re}^{0{,}8} \cdot \mathrm{Pr}^{0{,}4} \cdot \frac{\lambda}{d_i} \qquad (5.17)$$

Bei der Strömung des Kältemittels im konzentrischem Ringspalt (Abb. 5-9) ergibt sich der Wärmeübergangskoeffizient aus

$$\alpha = \mathrm{Nu} \cdot \frac{\lambda}{d_i} \qquad (5.18)$$

Die Nusselt-Zahl wurde nach [15] im Übergangsbereich zwischen laminarer und voll ausgebildeter turbulenter Strömung mit folgendem Algorithmus ermittelt:

$$\mathrm{Nu} = \left(1 - \frac{\mathrm{Re} - 2300}{10^4 - 2300}\right)\mathrm{Nu}_m + \left(\frac{\mathrm{Re} - 2300}{10^4 - 2300}\right)\mathrm{Nu}_{mT} \qquad (5.19)$$

Für den Wärmeübergang am Innenrohr:

$$\mathrm{Nu}_m = \left\{[\mathrm{Nu}_1]^3 + [\mathrm{Nu}_2]^3 + [\mathrm{Nu}_3]^3\right\}^{1/3} \qquad (5.20)$$

mit Nu_1 nach $\mathrm{Nu}_{1,i} = 3{,}66 + 1{,}2(d_i/d_a)^{-0{,}8}$ (5.21)

$$\mathrm{Nu}_2 = \left[1{,}615\{1 + 0{,}14(d_i/d_a)^{-1/2}\}\right] (2300\,\mathrm{Pr}\,d_h/l)^{1/3} \qquad (5.22)$$

$$\mathrm{Nu}_3 = \left\{\frac{2}{1 + 22\,\mathrm{Pr}}\right\}^{1/6} (2300\,\mathrm{Pr}\,d_h/l)^{1/2} \qquad (5.23)$$

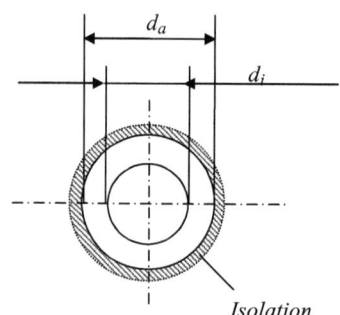

Abb. 5-9 *Ringspaltströmung*

und Nu_{mT} nach

$$Nu_{mT} = 0{,}86 \cdot (d_a / d_i)^{0{,}16} \frac{(0{,}0308/8)10^4 \, \text{Pr}}{1 + 12{,}7\sqrt{0{,}0308/8}(\text{Pr}^{2/3} - 1)} \left\{1 + (d_h / l)^{2/3}\right\} \quad (5.24)$$

Abb. 5-10 zeigt die Änderung des Nusselt-Zahls in Abhängigkeit vom Durchmesserverhältnis d_i / d_a [15].

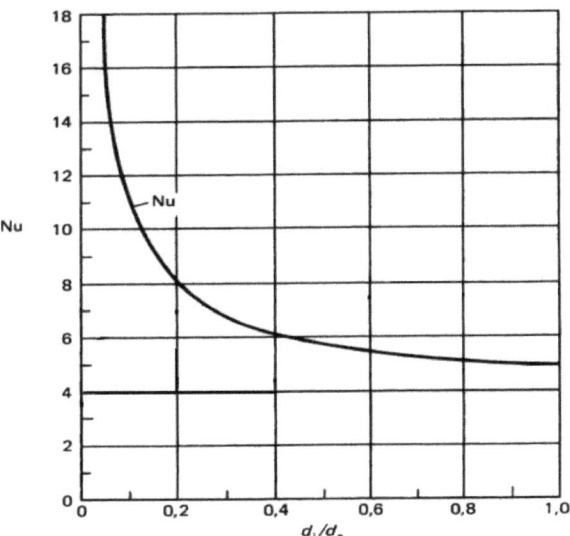

Abb. 5-10 *Nusselt-Zahl bei der Strömung des Kältemittels im konzentrischen Ringspalt in Abhängigkeit vom Verhältnis d_i / d_a (Quelle: VDI-Wärmeatlas; Kapitel Gb 1.4)*

5.4.3 Wärmeübertragung auf der Luftseite

Der Wärmeübergang auf der Luftseite erfolgt durch erzwungene Konvektion. Die Luft wird mit einem Ventilator durch den Wärmeübertrager geblasen. Es muss die Rohranordnung des Wärmeübertragers (fluchtende oder versetzte Rohranordnung) sowie das Vorhandensein von Rippen auf den Rohren bei der Berechnung des Wärmeübergangskoeffizienten berücksichtigt werden. Die Geometrie der Rippen hat einen großen Einfluss auf die Wärmeübertragung.

In Abb. 5-11 ist schematisch die versetzte Anordnung des berippten Rohrbündels des Verdampfers und des Verflüssigers dargestellt. Zwischen der Rohren wird die Luft durchgeblasen. Für den Wärmeübergang am querangeströmten Rippenrohrbündel gilt folgender Algorithmus nach [15]:

$$Nu = 0{,}38 \cdot Re^{0{,}6} \cdot Pr^{1/3} \cdot \left(\frac{A_R}{A_{OR}}\right)^{-0{,}15} \tag{5.25}$$

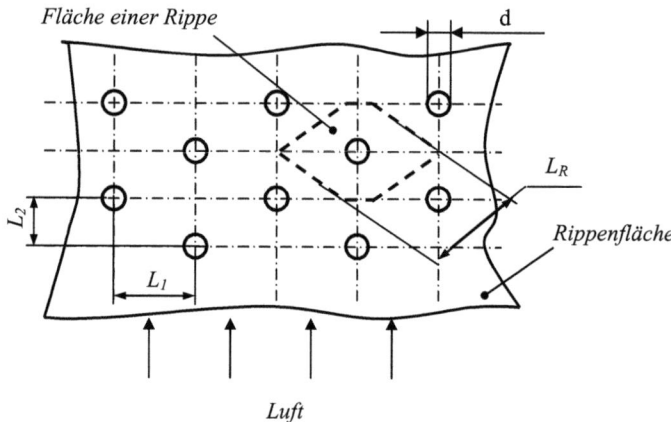

Abb. 5-11 *Versetzte Anordnung eines Rippenrohrbündelwärmeübertragers*

Für Rohrbündel mit weniger als zehn Rohrreihen gilt an Stelle von Gleichung 5.25 zur Berechnung der mittleren Nußelt-Zahl näherungsweise

$$Nu_B = \frac{1+(n-1)f_A}{n} Nu \tag{5.26}$$

Mit der Anzahl n der Rohreihen und dem Rohranordnungsfaktor f_A für versetzte Rohranordnung nach [15]:

$$f_A = 1 + \frac{2}{3} \cdot \frac{d}{L_2} \tag{5.27}$$

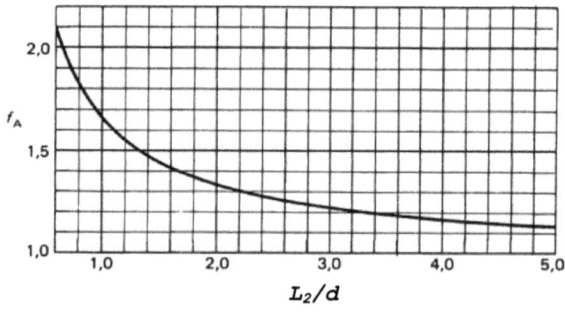

Abb. 5-12 *Rohranordnungsfaktor f_A in Abhängigkeit von der Rohrbündelgeometrie (Quelle: [15]).*

In Abhängigkeit vom Längsteilungsverhältnis L_2/d ist f_A in Abb. 5-12 dargestellt.

Mittlerer Wärmeübergangskoeffizient für Rohr und Rippe

$$\alpha_1 = \frac{Nu_B \cdot \lambda}{d_a} \tag{5.28}$$

Bei versetzter Anordnung ordnet man jedem Rohr eine Rippenfläche in Form eines Sechsecks zu. Dafür ist im Fall zusammenhängender Rippen der Rippenwirkungsgrad:

$$\eta_R = \frac{tanhX}{X} \quad \text{mit} \quad X = \varphi \cdot \frac{d_a}{2} \cdot \sqrt{\frac{2 \cdot \alpha_1}{\lambda_R \cdot \delta_R}} \quad \text{mit} \quad \varphi = (\varphi' - 1) \cdot (1 + 0{,}35 \ln \varphi') \quad \text{und mit}$$

$$\varphi' = 1{,}27 \cdot \frac{2 \cdot L_2}{d_a} \cdot \sqrt{\frac{L_R}{2 \cdot L_2} - 0{,}3} \tag{5.29}$$

Der scheinbare Wärmeübergangskoeffizient der Luft ergibt sich somit zu

$$\alpha_L = \alpha_1 \cdot \left(1 - (1 - \eta_R) \cdot \frac{A_R}{A}\right) \tag{5.30}$$

Die Änderung des Wärmeübergangskoeffizienten der Luft nach den Gleichungen 5.25 – 5.30 ist in Abb. 5-13 gezeigt. Die Werte wurden für eine mittlere Lufttemperatur von 5°C bei verschiedenen Luftgeschwindigkeiten berechnet.

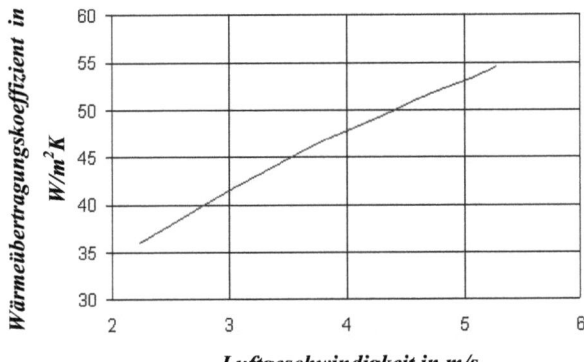

Abb. 5-13 Wärmeübergangskoeffizient der Luft in Abhängigkeit von der Luftgeschwindigkeit

5.5 Verdampfungs- und Kondensationsdruck

Wie oben schon erwähnt, werden alle thermodynamischen Eigenschaften des Kältemittels als Funktionen vom Druck ermittelt. Die Berechnung der Druckänderung im Niederdruck- bzw.

Hochdruckbereich der Kälteanlage erfolgt unter der Annahme, dass der Druck eine lineare Funktion der Dampfmasse im jeweiligen Bereich ist. Sie kann näherungsweise folgendermaßen berechnet werden als

$$\frac{dp}{d\tau} = \frac{p}{m''_{Anf}} \cdot \frac{dm''}{d\tau} \tag{5.31}$$

Die Dampfmassenänderung dm'' in Gleichung 5.38 ist die Änderung der gesamten Masse des Dampfes in allen Kältekomponenten, in denen derselbe Druck herrscht. Zum Beispiel wird im Fall der Berechnung des Verdampfungsdrucks $dm''/d\tau$ aus der Summe der Dampfmassenänderung im Verdampfer und in der Verdichterkapsel ermittelt. Bei Vorhandensein eines inneren Wärmeübertragers oder anderer zusätzlicher Komponenten (wie Flüssigkeitsabscheider usw.) muss auch die Dampfmassenänderung in diesen Komponenten berücksichtigt werden.

Der Anfangswert des Drucks kann mit Hilfe der polynomischen Gleichung, die durch Kurvenanpassung aus Werten [16] festgestellt wird, berechnet werden:

$$p_{Anf} = 0{,}508 \cdot 10^{-12} \cdot t^6 - 0{,}2659 \cdot 10^{-11} \cdot t^5 + 0{,}11737 \cdot 10^{-8} \cdot t^4 + \\ 0{,}1202048 \cdot 10^{-5} \cdot t^3 + 0{,}0002333 \cdot t^2 + 0{,}0197486 \cdot t + 0{,}629164 \tag{5.32}$$

Die Temperatur t ist hier eine Anfangstemperatur bzw. Sättigungstemperatur in der Anlage vor dem Starten der Anlage. Bei dieser Temperatur wird die Anfangsmasse des Dampfes m''_{Anf} als

$$m''_{Anf} = V \cdot \rho'' \tag{5.33}$$

ermittelt, wobei V das gesamte Dampfvolumen des jeweiligen Bereichs ist.

5.6   Modellierung der Kältekomponenten

In diesem Kapitel werden die Gleichungssysteme für die Modelle der einzelnen Kältekomponenten zusammengefasst. Das Ziel der Simulation von allen Kältekomponenten war nicht die präzise Beschreibung der in den Komponenten ablaufenden Prozesse, sondern die Beschreibung des Leistungsverhaltens der gesamten Kälteanlage (COP usw.). Das Hauptziel der Simulation von instationären Prozessen war die näherungsweise Voraussage der Parameterveränderung der Kälteanlage sowohl bei verschiedenen Umgebungsbedingungen und Lasten als auch bei Änderungen von ihnen bzw. die Feststellung und die Prüfung des stabilen Regelverhaltens der verschiedenen Kältekreisläufe. Deswegen wurden Prozesse, die keinen starken Einfluss auf das Arbeitsverhalten der Kälteanlage haben, nicht modelliert. Darunter fallen Prozesse wie der Wärmeübergang in der Verdichterkapsel oder das Fliessen des Kältemittels in den Rohrleitungen zwischen den Komponenten. Es wurde adiabate und isobare Strömung des Kältemittels in den Rohrleitungen angenommen.

5.6.1 Verdampfer

Im Verdampfer wird das Kältemittel zunächst verdampft (Zweiphasenzustand) und danach überhitzt (Abb. 5-14). Die Verdampfungsstrecke im Verdampfer kann bei einem stationären Prozess relativ einfach aus der Wärmebilanz berechnet werden. Beim instationären Prozess dagegen ändert sich die Strecke mit der Zeit und hängt sowohl von den Eintrittsparametern des Kältemittels (Eintrittsenthalpie, Massestrom am Eintritt und am Austritt des Verdampfers) als auch von den Eigenschaften des Außenmediums (Temperatur des Mediums usw.) ab. Um Zustandsänderungen des Kältemittels zu bestimmen, wird der Verdampfer in n Segmente geteilt.

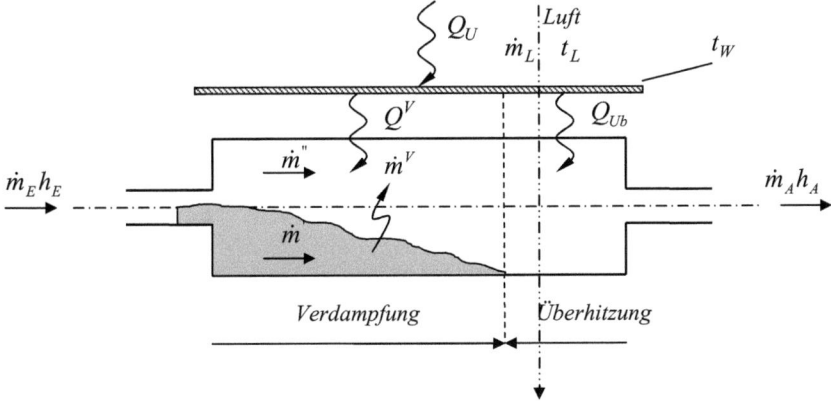

Abb. 5-14 Modell des Verdampfers

Die Segmente haben jeweils die gleiche Länge. Für jedes Segment wird das gleiche Gleichungssystem verwendet. Die Berechnungen können die Prozesse in jedem Segment des Verdampfers beschreiben unabhängig davon, ob dort Verdampfung stattfindet oder das Kältemittel überhitzt wird. Der entscheidende Parameter dafür ist der Dampfgehalt x am Eintritt in das Segment. Insgesamt besteht das einzelne Segment aus der Luftseite, der Wand, durch die die Wärmeübertragung stattfindet, und dem Bilanzvolumen des Kältemittels (Abb. 5-14).

Als Eingabegrößen für die Berechnung sind der Massestrom am Eintritt in das erste Segment $\dot{m}_E$, die spezifische Enthalpie am Eintritt h_E, der Eintrittsdampfgehalt x_E, die Temperatur t_L und der Massenstrom $\dot{m}_L$ der Luft auf der Außenseite gegeben.

Zunächst werden die Stoffdaten $\rho'(p)$, $\rho''(p)$, $h'(p)$, $h''(p)$, $\eta'(p)$, $\eta''(p)$, $c_P'(p)$, $c_P''(p)$ ermittelt. Für jedes Segment i werden dann die Veränderung der Masse des Kältemittels und die Energiebilanz beschrieben. Wird das Kältemittel im Segment verdampft, so gilt:

$$Q_{KM_i} = \alpha_i^V \cdot A_{KM_i} \cdot (t_{Wi} - t_0) \tag{5.34}$$

Findet im Segment keine Verdampfung sondern die Überhitzung des Kältemittels statt, dann gilt:

$$Q_{KM_i} = \alpha_{bb_i} \cdot A_{KM_i} \cdot (t_{Wi} - t_{M_{i_{KM}}}) \tag{5.35}$$

Die Änderungen der Flüssigkeits- und Dampfmasse im Segment ergeben sich aus:

$$\frac{dm'_i}{d\tau} = \dot{m}'_{E_i} - \dot{m}_i^V - \dot{m}'_{A_i} \tag{5.36}$$

$$\frac{dm''_i}{d\tau} = \dot{m}''_{E_i} + \dot{m}_i^V - \dot{m}''_{A_i} \tag{5.37}$$

im Fall der Verdampfung der Kältemittelmasse $\dot{m}^V$

$$\dot{m}_i^V = \frac{Q_{KM_i}}{(h'' - h')} \tag{5.38}$$

Die Änderung der Wandtemperatur und der Austrittsenthalpie (aus Gleichung 5.5) aus dem Segment kann berechnet werden als:

$$\frac{dt_{Wi}}{d\tau} = \frac{\alpha_L \cdot A_{a_i} \cdot (t_{L_{M_i}} - t_{Wi}) - Q_{KM_i}}{m_{Wi} \cdot c_{P_W}} \tag{5.39}$$

$$\frac{dh_{Ai}}{d\tau} = \frac{Q_{KM_i} - \dot{m}_{KM_{M_i}} \cdot h_{Ai} + \dot{m}_{KM_{Mi}} \cdot h_{Ei} + V\frac{dp}{d\tau} - h_{Ai}\frac{dm}{d\tau}}{m_{i_{KM}}} \tag{5.40}$$

Die Luft zirkuliert in der Kühlzelle zwischen dem Verdampfer und Kühlwaren. Als Kühlware im Modell dient ein Heizgerät, mit dem es möglich ist, die Kälteleistung zu variieren. Die Luft wird mit Hilfe des Verdampferventilators durch den Verdampfer gesaugt. Bei diesem Prozess wird die Luft im Verdampfer abgekühlt. Dann strömt die Luft über den Verdampferventilator und nimmt die Ventilatorwärme auf. Weiter strömt die Luft über das Heizgerät, wo die Luft wieder erwärmt wird, und dann wird die Luft wieder über den Verdampfer durch den Ventilator gesaugt. Der

Verdampfer wird als eine Reihe von Verdampferrohren betrachtet. Die Lufteintrittstemperatur in den Verdampfer ist die Austrittstemperatur aus dem Heizgerät und wird aus der Energiebilanz berechnet:

$$\frac{dt_{L_{A_i}}}{d\tau} = \frac{Q_{Heiz} - \dot{m}_L \cdot c_P \cdot (t_{L_E} - t_{L_{A_i}})}{m_{L_i} \cdot c_{PL}} \qquad (5.41)$$

wobei Q_{Heiz} schon die Energiezufuhr durch den Verdampferventilator enthält. Die Lufteintrittstemperatur t_{L_E} in das Heizgerät ist die Austrittstemperatur aus dem Verdampfer und kann auch aus der Energiebilanz ermittelt werden:

$$\frac{dt_{L_{A_i}}}{d\tau} = \frac{\dot{m}_L \cdot c_P \cdot (t_{L_E} - t_{L_{A_i}}) - \alpha_L \cdot A_{a_i} \cdot (t_{L_{M_i}} - t_{Wi})}{m_L \cdot c_{PL}} \qquad (5.42)$$

Die oben erwähnten Differenzialgleichungen wurden bei der Annahme genommen, dass die Enthalpie und die Temperatur im Segment gleich die Austrittsnethalpie und die Austrittstemperatur sind.

5.6.2 Verflüssiger und Sammler

Für den Verflüssiger und den Sammler wurde ein einziges Modell erstellt. Der Verflüssiger wird wie der Verdampfer in *n* Segmente geteilt. Der Sammler wird als Teil des Verflüssigers, aber ohne Wärmeströme behandelt. Im Verflüssiger wird das gasförmige Kältemittel zunächst bis zur Taulinie enthitzt. Danach beginnt der Verflüssigungsprozess. Und schließlich wird das flüssige Kältemittel unterkühlt (Abb. 5-15). Nach dem Verflüssiger fließt das Kältemittel in den Sammler.

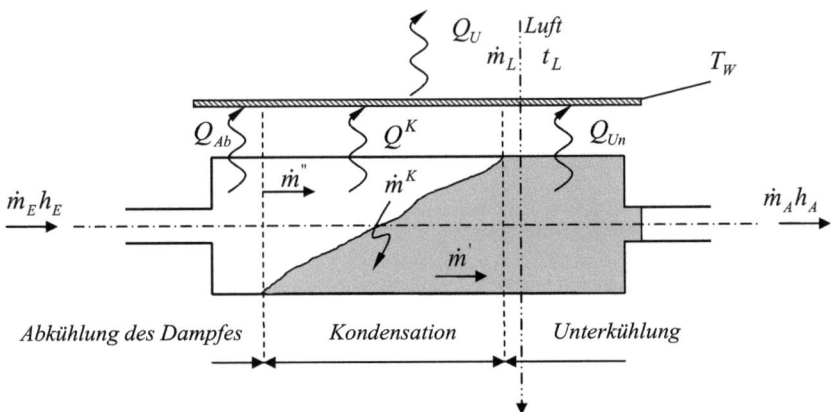

Abb. 5-15 *Modell des Verflüssigers*

Im Prinzip wird fast das gleiche Gleichungssystem für den Verflüssiger wie für den Verdampfer verwendet. Die Segmente haben die gleiche Länge. Als Eingabegröße für die Berechnung sind der Massestrom am Eintritt in das erste Segment $\dot{m}_E$, die Enthalpie am Eintritt h_E in den Verflüssiger, die Verflüssigereintrittstemperatur t_E, die Außenlufttemperatur t_L und der Volumenstrom $\dot{m}_L$ der Luft im Verflüssiger gegeben.

Zunächst müssen die Stoffdaten des Kältemittels $\rho'(p)$, $\rho''(p)$, $h'(p)$, $h''(p)$, $\eta'(p)$, $\eta''(p)$, $c_P'(p)$, $c_P''(p)$ berechnet werden. Es wurde für jedes Segment i der Massen- und der Energieerhaltungssatz geschrieben.

Der Massenerhaltungssatz (für den Bereich, in dem das Kältemittel kondensiert) kann mit folgenden Gleichungen beschrieben werden:

$$\frac{dm'_i}{d\tau} = \dot{m}'_{E_i} + \dot{m}_i^K - \dot{m}'_{A_i} \tag{5.43}$$

$$\frac{dm''_i}{d\tau} = \dot{m}''_{E_i} - \dot{m}_i^K - \dot{m}''_{A_i} \tag{5.44}$$

Die Menge des kondensierenden Kältemittels ergibt sich aus:

$$\dot{m}_i^K = \frac{Q_i^K}{(h''-h')} \tag{5.45}$$

Für den Bereich, in dem das Kältemittel nur enthitzt oder unterkühlt wird, können die Gleichungen der Massenbilanz vereinfacht werden:

$$\frac{dm_i}{d\tau} = \dot{m}_{E_i} - \dot{m}_{A_i} \tag{5.46}$$

Für die Bestimmung der abgegebenen Wärme vom Kältemittel zur Wand bei der Abkühlung des Dampfes oder Unterkühlung der Flüssigkeit gelten:

$$Q_{KM_i} = \alpha_i^{UK} \cdot A_{KM_i} \cdot \left(t_{KM_{M_i}} - t_{Wi} \right) \tag{5.47}$$

Wird das Kältemittel kondensiert so gilt

$$Q_{KM_i} = \alpha_i^K \cdot A_{KM_i} \cdot (t_K - t_{Wi}) \tag{5.48}$$

Der Wärmeübergangskoeffizient α_i^K wurde nach Gl. 5.15 bestimmt. Die Änderung der Wandtemperatur und der Enthalpie aus dem Segment *i* kann berechnet werden als

$$\frac{dt_{Wi}}{d\tau} = \frac{Q_{KM_i} - \alpha_L \cdot A_{a_i} \cdot (t_{Wi} - t_{Li_M})}{m_{Wi} \cdot c_{P_W}} \tag{5.49}$$

$$\frac{dh_{Ai}}{d\tau} = \frac{\dot{m}_{KM_{Mi}} \cdot h_{Ei} - \dot{m}_{KM_{Mi}} \cdot h_{Ai} - Q_{KM_i} + V\dfrac{dp}{d\tau} - h_{Ai}\dfrac{dm}{d\tau}}{m_{i_{KM}}} \tag{5.50}$$

Die Änderung der Austrittstemperatur der Luft aus dem Verflüssiger folgt aus dem Energieerhaltungssatz

$$\frac{dt_{L_{A_i}}}{d\tau} = \frac{\alpha_L \cdot A_{a_i} \cdot (t_{Wi} - t_{LM_i}) - \dot{m}_L \cdot c_{PL} \cdot (t_{L_E} - t_{L_{A_i}})}{m_{L_i} \cdot c_{PL}} \tag{5.51}$$

Der Sammler wird als letztes Segment des Verflüssigers berechnet. Alle oben erwähnten Gleichungen wurden für das Sammler-Segment auch verwendet.

5.6.3 Expansionsventil

In diesem Abschnitt wird ein mathematisches Modell für das thermostatische Expansionsventil (TEV) beschrieben. Wie vorher bereits erwähnt, ist das thermostatische Expansionsventil ein Regler, welcher die Überhitzung am Austritt des Verdampfers regelt. Als Messgröße dient die Druckdifferenz zwischen dem Druck im Dampfdruckthermometer, mit welchem die Sauggastemperatur nach dem Verdampfer gemessen wird, und dem Verdampfungsdruck. Eine Schnittdarstellung eines thermostatischen Expansionsventils mit den wichtigsten Bauteilen zeigt Abb. 5-16.

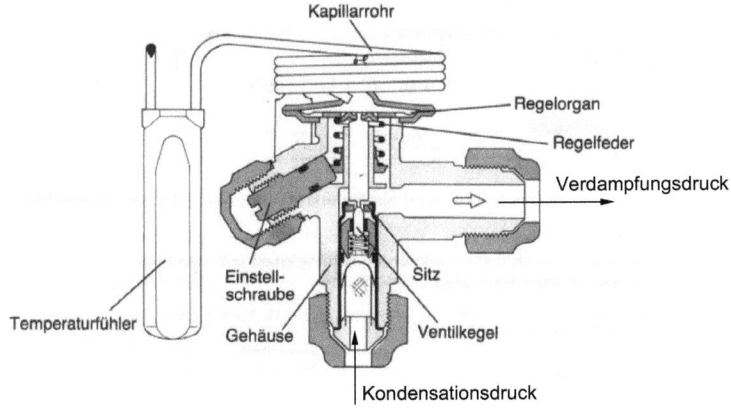

Abb. 5-16 Schnittdarstellung eines thermostatischen Expansionsventils, Quelle: [2]

Während des Betriebs der Kälteanlage muss die Vorspannung der Regelfeder durch eine Mindestüberhitzung überwunden werden. Das kann als Sicherheitsabstand aufgefasst werden, der gewährleisten soll, dass keine Flüssigkeit in die Saugleitung gelangt.

Aus der Vorspannung der Regelfeder ergibt sich die so genannte statische Überhitzung. Die Federspannung wird dann durch den Fühlerdruck gerade kompensiert. Das Ventil ist zum Öffnen bereit, hat aber noch keinen Durchfluss. Die statische Überhitzung kann mittels einer Einstellschraube an die jeweiligen Einsatzbedingungen angepasst werden.

Steigt die Fühlertemperatur (d.h. der Druck im Dampfdruckthermometer) dann weiter an, wird der Ventilkegel vom Sitz abgehoben und gibt einen entsprechenden Öffnungsquerschnitt frei. Diese weitere Temperaturerhöhung über die statische Überhitzung hinaus wird als Öffnungsüberhitzung bezeichnet. Die Gesamtüberhitzung, auch Arbeitsüberhitzung genannt, ergibt sich dann als Summe von statischer und Öffnungsüberhitzung. Dadurch ergibt sich, dass das TEV ein P-Regler ist, welcher den Massenstrom zum Verdampfer entsprechend der gerade vorliegenden Überhitzung einstellt.

Für den Durchfluss durch das Ventil ist die freigegebene Querschnittsfläche von entscheidender Bedeutung. Für die statische Modellierung ist der freie Ventilquerschnitt basierend auf der Kräftebilanz an der Ventilmembran von Bedeutung, und für die dynamische Modellierung ist der Wärmeübergang in dem Temperaturfühler der wichtigste Einflussparameter (Abb. 5-17).

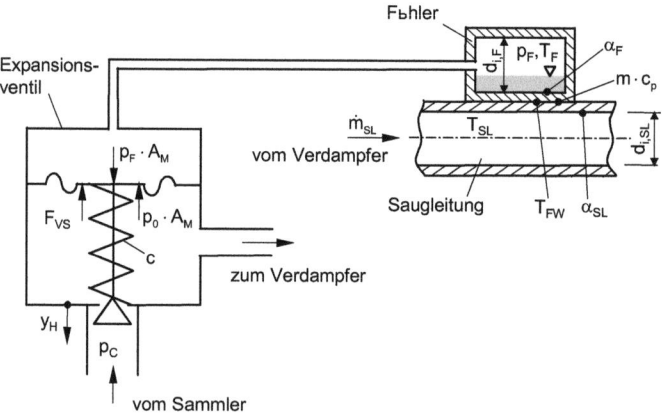

Abbildung 5-17 Modell des thermostatischen Expansionsventils

Das zeitliche Temperaturverhalten wird durch die Wärmeübergänge an der Fühler- und Saugleitungswand sowie die thermische Trägheit des Fühler- und Saugleitungsmaterials bestimmt. Es wird davon ausgegangen, dass Fühler und Saugleitung in idealen thermischen Kontakt miteinander stehen. Die Masse der Fühlerwand und die Masse der Saugleitung im Fühlerabschnitt werden als eine Gesamtmasse betrachtet. Des Weiteren wird die Temperaturänderung des Saugleitungsmassenstromes vernachlässigt, da der Wärmestrom in den Fühler sehr klein ist. Es gilt für die Fühlerwand:

$$\frac{dt_{FW}}{d\tau} = \frac{\alpha_{SL} \cdot A_{i,SL} \cdot (t_{SL} - t_{FW}) - \alpha_F \cdot A_{i,F} \cdot (t_{FW} - t_F)}{(m \cdot c_p)_{SL} + (m \cdot c_p)_{FW}} \qquad (5.52)$$

Im Temperaturfühler bewirkt die Änderung der Wandtemperatur eine näherungsweise isochore Druck- und Sättigungstemperaturänderung durch Kondensation bzw. Verdampfung des Fühlermediums. Die Änderung des Dampfmassenanteils der Füllung kann entlang der Isochoren aus dem log p-h-Diagramm ermittelt werden. Der Druck im Fühler wird wie im Verdampfer mit Gl. 5.31 ermittelt, wobei die Anfangsmasse des Dampfes m''_{Anf} mit

$$m''_{Anf} = m_F \cdot x_F \qquad (5.53)$$

bestimmt wird. Die gesamte Masse des Kältemittels m_F im Fühler wurde so festgelegt, dass der Dampfgehalt x_F am Anfang zwischen 0,6 und 0,7 lag.

Es gilt darin:

$$v_F = \frac{V_F}{m_F} = \text{konstant} \qquad (5.54)$$

Der Dampfmassenanteil x_F wird in Abhängigkeit des Fühlerdruckes nach

$$x_F = \frac{v_F - v'}{v'' - v'} \qquad (5.55)$$

bestimmt.

Für die Berechnung des Wärmeübergangskoeffizienten auf der Fühlerinnenseite ist zwischen Kondensation und Verdampfung zu unterscheiden. Der mittlere Wärmeübergang bei laminarer Filmkondensation ist vor allem abhängig von der mittleren Dicke des Flüssigkeitsfilms an der Wand (Nußeltsche Wasserhauttheorie). Nach [21] gilt bei ruhenden oder schwachbewegten Dämpfen

$$Nu = 0.61 \left[\frac{g \cdot (h'' - h') \cdot \rho'^2 \cdot \lambda'^3}{\eta' \cdot (T_F - T_W) \cdot d_i} \right]^{1/4} \quad (5.56)$$

und damit

$$\alpha_F = \frac{\lambda' \cdot Nu}{d_i} \quad (5.57)$$

Die so berechneten Wärmeübergangskoeffizient bei der Kondensation lagen etwa im Bereich von $500 W/(m^2 K)$ bei einer Temperaturdifferenz von $1K$ und mehr als $2200 W/(m^2 K)$ bei weniger als $1/100 K$. Da größere Temperaturunterschiede nur während der Startphase der Anlage auftreten, wurde mit einem konstanten Wärmeübergangskoeffizient $\alpha_F^K = 1700 W/(m^2 K)$ gerechnet.

Beim Verdampfen von Kältemittelflüssigkeit kann wegen der geringen Temperaturdifferenzen davon ausgegangen werden, dass Oberflächensieden auftritt. Der Wärmeübergang ist dann wesentlich schlechter als bei der Kondensation. Überschlägig wurde die Wärmeübergangszahl für die freie Konvektion über einer waagerechten Platte berechnet. Nach [21] gilt dann für die Nußelt-Zahl:

$$Nu = \left(0.11 (Gr' \cdot Pr')^{1/3} + (Gr' \cdot Pr')^{0.1} \right) K_T \quad (5.58)$$

Man erhält danach Wärmeübergangszahlen um $200 W/(m^2 K)$. Für die Simulationsrechnungen wurde $\alpha_F^V = 200 W/(m^2 K)$ verwendet.

<u>Kräftebilanz an der Membran:</u>

Dem Fühlerdruck als öffnende Kraft oberhalb der Ventilmembran wirken der Verdampfungsdruck und das Druckäquivalent der Regelfeder auf der Unterseite der Membran entgegen. Das Ventil beginnt erst zu öffnen, wenn der Fühlerdruck infolge der Überhitzung die Federvorspannung F_{VS} und den Verdampfungsdruck überwinden kann. Der Ventilhub ergibt sich dann mit der Federkostante c aus:

$$y_H = \frac{A_M \cdot p_F - A_M \cdot p_o - F_{VS}}{c} \quad (5.59)$$

Der freigegebene Strömungsquerschnitt berechnet sich als Funktion des Hubes in Abhängigkeit der gewählten Sitzform. Abbildung 5-18 zeigt die geometrischen Verhältnisse am Ventilsitz.

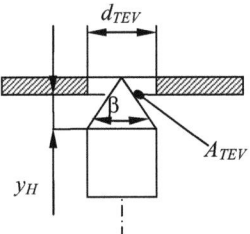

Abb. 5-18 *Geometrische Verhältnisse am Ventilsitz*

Die Querschnittsflächen ergeben sich wie folgt.

$$A_{TEV,Kegel}(y_H) = \frac{\pi}{4}\left[d_{TEV}^2 - \left(d_{TEV} - 2y_H \tan(\beta/2)\right)^2\right] \quad (5.60)$$

Der Massenstrom ist neben dem Öffnungsquerschnitt vor allem von der treibenden Druckdifferenz zwischen Kondensations- und Verdampfungsdruck abhängig. Er wird prinzipiell wie bei einer isentropen Blendenströmung berechnet. Die Strömungsverluste werden mit der Durchflusszahl des Expansionsventils α_{TEV} berücksichtigt.

$$\dot{m}_{TEV} = \alpha_{TEV} \cdot A_{TEV} \cdot \sqrt{2 \cdot \rho_0 \cdot (p_c - p_0)} \quad (5.61)$$

mit der Dichte ρ_o vor dem Expansionsventil. Eine Berechnung der Durchflusszahl ist auf Grund der sehr komplizierten Strömungsverhältnisse am Ventilquerschnitt und der unzureichenden Kenntnis der genauen Ventilgeometrie praktisch nicht möglich. Für die Simulationsrechnungen wird die Durchflusszahl als konstant mit dem Wert $\alpha_{TEV} = 0,7$ angenommen.

5.6.4 Verdichter

Für die Simulation des Betriebsverhaltens des Hermetikverdichters wurden empirische Koeffizienten in Form von Wirkungsgraden verwendet. Die hier verwendeten Näherungsgleichungen sind in [23 – 25; 31] für einen Kolbenverdichter angegeben. Der theoretische Verdichtervolumenstrom wird durch das Hubvolumen und die Verdichterdrehzahl bestimmt. Es ist bei einer einzylindrigen Maschine:

$$\dot{V}_{th} = V_H \cdot n \quad (5.62)$$

Der reale Volumenstrom zwischen Saug- und Druckstutzen unterscheidet sich jedoch auf Grund verschiedener Verluste von diesem Wert. Der Liefergrad λ erfasst die Abweichung des tatsächlich geförderten vom theoretischen Volumenstrom.

Es gilt:

$$\dot{V} = \lambda \cdot \dot{V}_{th} \qquad (5.63)$$

Der Liefergrad ist aus mehren Anteilen zusammengesetzt, die der unterschiedlichen Herkunft der Verluste Rechnung tragen.

Der Durchsatzgrad λ_D erfasst die Verluste durch innere Undichtheiten an Kolbenringen und Ventilen. Im Drosselgrad λ_p ist die Massenstromreduzierung durch die mit den inneren Druckverlusten verbundene Abnahme der Gasdichte enthalten. Der Füllungsgrad λ_F berücksichtigt die Verringerung des geförderten Volumenstroms durch Rückexpansion des Schadraumvolumens ε.

$$\lambda_F = 1 - \varepsilon \left(\pi^{1/n} - 1 \right) \qquad (5.64)$$

mit dem Druckverhältnis $\pi = p_c / p_0$. Der Polytropenexponent n kann nach [31] wie folgt berechnet werden

$$n = 1 + 0{,}75(k-1) \quad \text{für } p_0 > 10 \text{ bar} \qquad (5.65)$$

$$n = 1 + 0{,}88(k-1) \quad \text{für } p_0 < 10 \text{ bar} \qquad (5.66)$$

Die Verminderung des geförderten Volumenstromes durch die Aufheizung des angesaugten Kältemittelgases an den Verdichterbauteilen spiegelt sich im Aufheizungsgrad λ_A wider. Er wurde überschlägig mit

$$\lambda_A = \frac{T_{SL}}{T_{KOMP}} \qquad (5.67)$$

mit der Temperatur T_{SL} am Eintritt im Verdichter und der Sauggastemperatur T_{KOMP} vor dem Kolben nach [23] angesetzt.

Der Gesamtliefergrad ist dann das Produkt aus all diesen Verlustanteilen.

$$\lambda = \lambda_D \cdot \lambda_p \cdot \lambda_F \cdot \lambda_A \qquad (5.68)$$

Die Werte für λ_D und λ_p sind jedoch mathematisch schwer fassbar und werden daher, wenn keine Mess- oder Herstellerdaten verfügbar sind, aus Erfahrungswerten abgeschätzt. Nach [23 – 25; 31] können sie Werte zwischen 0,96 und 0,98 annehmen. Bei der Simulation wurden λ_D und λ_p gleich 0,97 festgelegt.

Für den Verdichtermassenstrom gilt die Gleichung mit der Gasdichte vor dem Kompressor ρ_E

$$\dot{m}_{KOMP} = \dot{V} \cdot \rho_E \tag{5.69}$$

Der Bilanzraum des Hermetikverdichters mit seinem freien Kapselvolumen ist in Abb. 5-19 dargestellt.

Einen entscheidenden Einfluss auf das dynamische Verhalten des Verdampfungsdruckes hat das freie Volumen der Kapsel des Verdichters, da es direkt in die Druckberechnung nach Gleichung 5.43 eingeht. Für die Dampfmassenbilanz der Kapsel schreibt man:

$$\frac{dm_{HK}}{d\tau} = \dot{m}_{SL} - \dot{m}_{KOMP} \tag{5.70}$$

Die Berechnung der Antriebsleistung des Verdichters erfolgt ausgehend von der theoretischen Verdichtungsarbeit mit Hilfe des isentropen η_{is} und mechanischen η_m Wirkungsgrads. Für einen Hermetikverdichter wird die Rechnung mit einem inneren Wirkungsgrad η_i, der schon η_{is} und η_m einschließt, durchgeführt. Der Wirkungsgrad η_{is} ändert sich für die Hermetikverdichter meistens zwischen 0,6 und 0,7. Alle Berechnungen wurden mit η_{is} gleich 0,7 durchgeführt. Für einen Halbhermetikverdichter wurde die Rechnung mit η_{is}, der schon den Gütegrad des Elektromotors η_{el} beinhaltet, und η_m gemacht. Der mechanische Wirkungsgrad wurde konstant und mit 0,9 festgelegt. Die Wahl konstanter Größen der Gütegrade bezieht auf der Schwierigkeit, die Größe theoretisch zu bestimmen. Für jeden Verdichtertyp muss die Funktion $\eta(\pi)$ experimentell ermittelt werden.

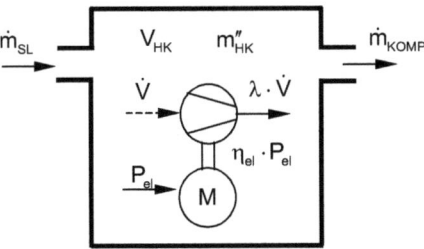

Abb. 5-19 *Modell des Hermetikverdichters*

Die theoretische (isentrope) Verdichtungsarbeit wird mit folgender Näherungsformel berechnet.

$$P_{is} = \dot{m}_{KOMP} \cdot p_o \cdot v_{KOMP_E} \cdot \frac{k}{k-1}\left[\left(\frac{p_k}{p_o}\right)^{\frac{k-1}{k}} - 1\right] \tag{5.71}$$

Es ergibt sich für die Klemmenleistung am Elektromotor des Hermetikverdichters

$$P_{KL} = \frac{P_{is}}{\eta_i} \tag{5.72}$$

und für die Klemmenleistung am Elektromotor des Halbhermetikverdichters

$$P_{KL} = \frac{P_{is}}{\eta_{is}\eta_m} \tag{5.73}$$

Die Leistungszahl des gesamten Kälteprozesses kann damit mit

$$\varepsilon = \frac{\dot{Q}_o}{P_{Kl}} \tag{5.74}$$

berechnet werden.

5.6.5 Innerer Wärmeübertrager

Im inneren Wärmeübertrager findet der Wärmeübergang zwischen zwei Kältemittelströmen statt. Die Wärme wird vom Hochdruckstrom zum Niederdruckstrom übergetragen. Das Ziel der Arbeit ist, wie schon erwähnt, die Überhitzung des Niederdruckstroms aus dem Verdampfer auszulagern und im inneren Wärmeübertrager (IWÜ) zu realisieren. Dies bedeutet, dass der noch vorhandene Anteil an flüssigem Kältemittel im IWÜ verdampft werden muss. Für die Simulation wurden die Modelle sowohl für einen Rohrbündelwärmeübertrager (RBW) als auch einen Rohr-in-Rohr-Wärmeübertrager (RinRW) bereitgestellt. Der IWÜ kann als Gleich- (GlWÜ) oder Gegenstromwärmeübertrager (GeWÜ) verwendet werden. Der Unterschied für die Simulation zwischen der Berechnung des GlWÜ und des GeWÜ ist nur der Wechsel der Strömungsrichtung des Kältemittels auf der Hochdruckseite (Abb. 5-20). Abb. 5-20 zeigt die Konstruktion des Rohrbündelwärmeübertragers und Abb. 5-21 zeigt die Konstruktion des RinRWs.

Rohrbündelwärmeübertrager

Der RBW besteht aus dem Rohrmantel und 5 berippten Rohren. In den Rohren fließt das flüssige warme Kältemittel aus dem Sammler. Außerhalb der Rohre fließt kaltes Kältemittel aus dem Verdampfer.

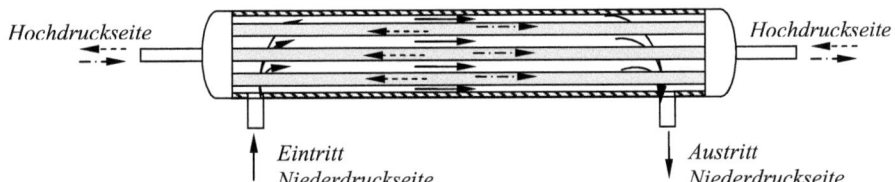

Abb. 5-20 Konstruktion und Strömungsrichtungen des Kältemittels im inneren Wärmeübertrager
— ▸ Gleichstromwärmeübertrager
--- ▸ Gegenstromwärmeübertrager

Rohr-in-Rohr-Wärmeübertrager

Der RinRW besteht aus einem Innen- und einem Außenrohr. Wie schon oben erwähnt, muss der Flüssigkeitsrest des Niederdruckstroms verdampft werden. In einem normalen RinRW fließt das Kondensat im Innenrohr und der Sauggasstrom zwischen Innen- und Außenrohr. In diesem Fall kann es passieren, dass nicht alle Flüssigkeitstropfen auf die wärmeübertragende Fläche des Wärmeübertragers treffen. Deswegen wurde bei unseren Versuchen der Kondensatstrom durch den Ringraum des Wärmeübertrages geleitet, während der Saugstrom im Innenrohr fließt.

Die Rechnungsmodelle für die beiden IWÜ bestehen aus 3 Teilen (Abb. 5-22). Ein Teil beschreibt den Unterkühlungsprozess des flüssigen Kältemittels, der aus dem Sammler kommt (Hochdruckströmung). Der zweite Teil beschreibt die Änderung der Wandtemperatur im IWÜ und der letzte Teil erfasst die numerische Beschreibung sowohl des Verdampfungsprozesses des flüssigen Kältemittels als auch seiner nachfolgenden Überhitzung (Niederdruckströmung).

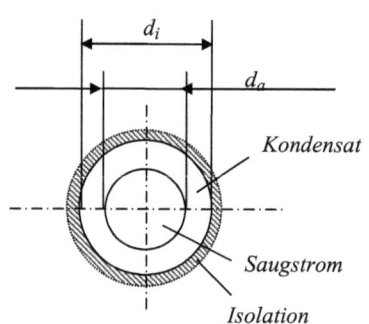

Abb. 5-21 *Rohr in Rohr Wärmeübertrager*

Für alle Typen von IWÜ gelten die allgemeinen Gleichungen für die Beschreibung der Energie- und Massebilanz. Die IWÜ wurden auch in n Segmente geteilt. Für jedes Segment i sind alle nachstehenden Gleichungen gültig.

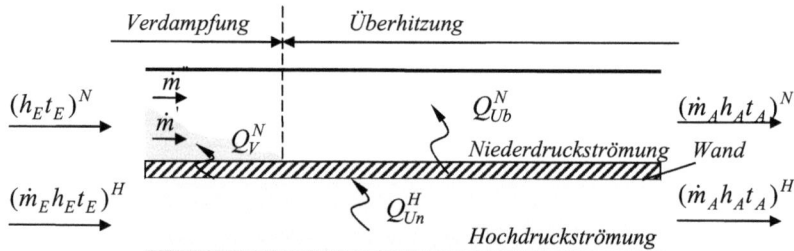

Abb. 5-22 *Modell des inneren Gleichstromwärmeübertragers*

Die Änderung der Wandtemperatur kann wie folgt ermittelt

$$\frac{dt_{W_i}}{d\tau} = \frac{Q_{Un_i}^H - Q_{Ub,V_i}^N}{m_{W_i} c_W} \tag{5.75}$$

Die Wärme, die von der Hochdruckseite zur Wand übergetragen wird, kann mit

$$Q_{Un_i}^H = \alpha_{Un_i}^H \cdot A_i^H \cdot \left(t_{KM_{M_i}} - t_{W_i}\right) \tag{5.76}$$

berechnet werden.

Für die abgegebene Wärme von der Wand des IWÜs zum Kältemittel auf der Niederdruckseite gilt

$$Q_{Ub,V_i}^N = \alpha_i^N \cdot A_i^N \cdot \left(t_{W_i} - t_{KM_{M_i}}\right) \tag{5.77}$$

Der Wärmeübergangskoeffizient α_i^N im Segment i muss in Abhängigkeit davon berechnet werden, ob das Kältemittel im Segment verdampft oder überhitzt wird. Bei der oben beschriebenen Konstruktion des Rohrbündelwärmeübertragers (Abb. 5-20) ändert sich die Kältemittelgeschwindigkeit zwischen 0,8 und 1,88 m/s. Der Flüssigkeitsmassenanteil am Eingang beträgt ca. 2 – 8% vom gesamten Massenstrom. Dies alles führt zu einer nur teilweisen Ausnutzung der berippten Rohre des RBW für die Verdampfung des Kältemittels. Abb. 5-23 veranschaulicht die vermutliche Flüssigkeitsverteilung im inneren Wärmeübertrager. Aus diesem Grund kann für α_i^N in jedem Segment der Wärmeübergangskoeffizient für einphasige Dampfströmung $\alpha_{Ub_i}^N$ benutzt werden (die spätere Verifizierung des Models mit experimentellen Daten zeigte die Korrektheit dieser Annahme). Der Koeffizienten $\alpha_{Ub_i}^N$ wurde mit Berücksichtigung der Rippengeometrie des RBW ermittelt. Der Rippenwirkungsgrad kann berechnet werden als:

$$\eta_R = \frac{tanhX}{X} \text{ mit } X = h_R \cdot \sqrt{\frac{2 \cdot \alpha^V}{\lambda_R \cdot \delta_R}} \tag{5.78}$$

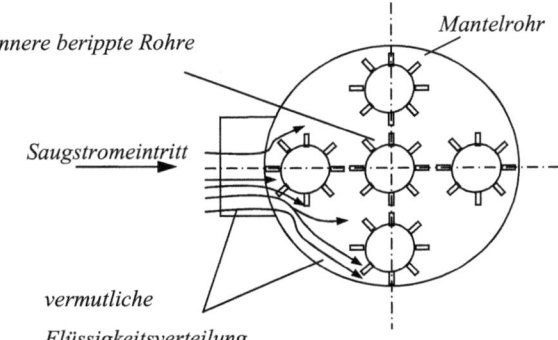

Abb. 5-23 Vermutliche Flüssigkeitsverteilung im RBW

Für den Wärmeübergangskoeffizient $\alpha_{Ub_i}^N$ gilt nach [2] für Rohrbündelwärmeübertrager

$$\alpha_{Ub_i}^N = \alpha_{Ub} \cdot \left[1 - 0{,}912\,\mathrm{Re}^{-0{,}1}\,\mathrm{Pr}^{0{,}4}(1 - 2e^{-\left(\frac{2\sqrt{3}}{\pi}\left(\frac{s}{d_a}\right)^2 - 1\right)})\right] \cdot \left[1 - (1 - \eta_R)\frac{A_R}{A}\right] \tag{5.79}$$

α_{Ub} wurde nach Gl. 5.17 bestimmt.

Im Fall RinRW wurde $\alpha_{Ub_i}^H$ ebenfalls nach Gl. 5.17 bestimmt. Für die Ermittelung einer Unterkühlung des Kondensats im Spaltraum des RinRWs wurde α nach Gl. 5.18 mit Hilfe des hydraulischen Durchmessers berechnet.

Die Austrittsenthalpie aus dem Segment i für Hochdruck- und Niederdruckströmung wurde jeweils aus der Energiebilanz ermittelt.

$$\frac{dh_{A_i}^H}{d\tau} = \frac{\dot{m}_i^H \cdot (h_{E_i} - h_{A_i}) - Q_{Un_i}^H}{m_{KM_i}^H} \tag{5.80}$$

$$\frac{dh_{A_i}^N}{d\tau} = \frac{Q_{Ub,V_i}^N - \dot{m}_{M_i}^N \cdot (h_{A_i} - h_{E_i})}{m_{KM_i}^N} \tag{5.81}$$

Die Kältemittelaustrittstemperaturen wurden als Funktion von Austrittsenthalpie nach Gl. 5.11 (für unterkühlte Flüssigkeit) und nach Gl. 5.12 (für überhitzten Dampf) berechnet.

Für die Änderung der Kältemittelmasse auf der Niederdruckseite im Bereich, in dem das Kältemittel verdampft, gilt ein ähnliches Gleichungssystem wie für den Verdampfer (Gl. 5.36 – 5.38). Der Massenspeichereffekt für einphasige Strömung auf der Hoch- und Niederdruckseite ergibt sich nach Gl. 5.50.

6 Prüfstand

Für die experimentelle Untersuchung wurde ein Prüfstand gebaut. Abbildung 6-1 zeigt eine schematische Darstellung. Die Abmessungen und technischen Daten der verwendeten Kältekomponenten sind dem Anhang A.1 zu entnehmen.

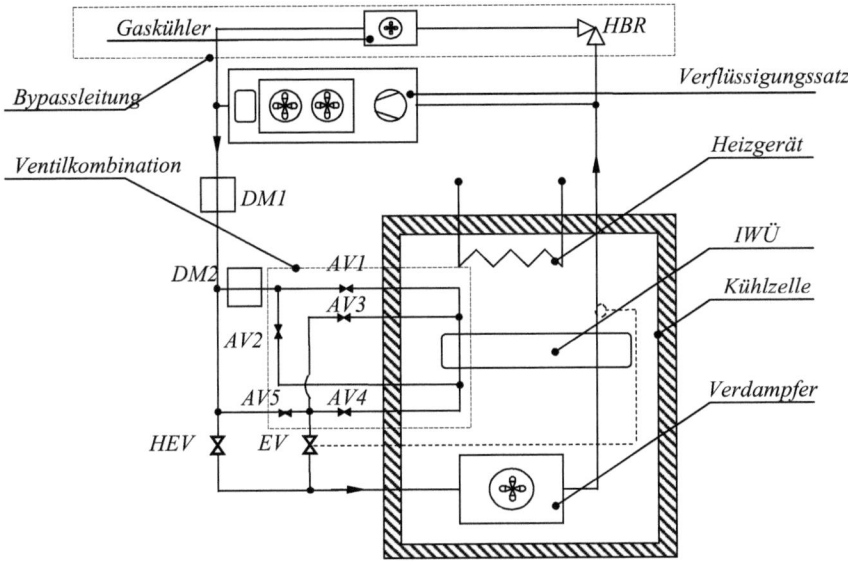

Abb. 6-1 Prüfstand

Der Prüfstand besteht aus 7 Hauptkomponenten: Verflüssigungssatz „Blue Star" HGZ 036 SOOE und das thermostatische Expansionsventil (EV) Typ TUAE der Fa. Danfoss; Verdampfer GHF 050.1D/14-AS der Fa. Güntner; Sauggaswärmeübertrager Typ54/5x13 der Fa. DK (IWÜ); Heizgerät; Tiefkühlzelle der Fa. ILKAZELL; Durchflussmessgerät SITRANS F VA 250 von Siemens (DM1 und DM2) und zwei Expansionsventile HEV und EX. Die letzten beiden Komponenten waren auswechselbar. Als Handexpansionsventil HEV wurde ein Ventil Typ SNV der Fa. Danfoss verwendet. Als zweites Expansionsventil EV wurde ein pulsmoduliertes Expansionsventil Typ EX2 von ALCO CONTROLS genommen. Die Bypassleitung wurde für die Einhaltung einer konstanten Verdampfungstemperatur bei den Untersuchungen der Dynamik der Kälteanlage verwendet. Die Linie besteht aus dem Heißgas-Bypass-Regler HBR Typ HLEX (Fabrikant Honeywell) und dem Gaskühler FCE(V)400.

Die Kältelast auf dem Verdampfer wurde mit dem Heizgerät per Hand eingestellt.

Mit der Ventilkombination (Abb. 6-1) ist es möglich, den Kältekreislauf sowohl ohne IWÜ als auch einen Kältekreislauf mit Gleich- oder Gegenstromwärmeübertrager zu untersuchen. Muss der Kältekreislauf ohne IWÜ untersucht werden, dann müssen die Absperrventile AV1 und AV2 zu und AV5 auf sein. Bei Untersuchungen des Kältekreislaufes mit GlWÜ müssen AV1, AV4, AV5 zu und AV2, AV3 auf sein. Wird der Kältekreislauf mit GeWÜ untersucht, dann müssen die Ventile AV1, AV4 auf und die Ventile AV2, AV3 und AV5 zu sein.

Das Handexpansionsventil HEV wurde nur für die Erforschung des Kältekreislaufes, der im Abschnitt 4 (Abb. 4-2 a) beschrieben wurde, genutzt.

6.1 Messtechnik

6.1.1 Temperatur- und Druckmessung

Es wurden kalibrierte mantellose Thermoelemente vom Typ K mit einer Genauigkeit von $\pm 0,1°C$ für die Temperaturmessung verwendet. Für die Erfassung des Drucks wurden Druckmessumformer vom Typ S10 der Fa. WIKA verwendet. Die Genauigkeitsklasse beträgt 0,25 %.

6.1.2 Volumenstrommessung

Für die Messung der Volumenströme des flüssigen Kältemittels wurde ein Durchflussmessgerät (Fabrikat Siemens) nach dem Schwebekörperprinzip verwendet. Der zu messende strömende Strom hebt den konischen Schwebekörper im Messring an. Dadurch vergrößert sich der Ringspalt so lange, bis sich ein Gleichgewicht zwischen Auftriebskraft des Stromes und der Gewichtskraft des Schwebekörpers einstellt. Die Höhenstellung ist direkt proportional zur Durchflussmenge.

Die Messgenauigkeit des Gerätes beträgt ± 2 % vom Messbereichsendwert. Das Gerät wurde für einen bestimmten Stoff bei einer bestimmten Stofftemperatur kalibriert. Dies führt zu einer Verschlechterung der Messgenauigkeit, wenn das Durchflussmessgerät für die Messung eines anderen Stoffs oder ähnlichen Stoffs aber bei anderer Temperatur verwendet wird. Bei Temperaturschwankungen von etwa ± 15 K kann die Messungenauigkeit nach Angaben des Herstellers ± 20 % vom Messbereichendwert sein.

6.1.3 Messdatenerfassung

Alle elektrischen Ausgangssignale von Messelementen werden durch eine Datenerfassungsanlage ausgelesen. Die Anlage besteht aus PCI-Bus-Messkarte, Adapter für DaqBoard/2000-Serie, 56-Kanal-Thermoelementen Modul DaqBook-, LogBook- und WaveBook-Serie, 3-Slot-Erweiterungsgehäuse, Universal Strom/Spannung-Multiplexer-Karte (Fa. SYNOTECH). Alle erwähnten Komponenten sind mit einem Rechner verbunden. Mit dem installierten Rechner-Programm LabView ist es möglich, die Signale von Messkarten und anderen elektrischen Komponenten zu erfassen und in eine txt-Datei zu schreiben. Später ist es möglich, die Datei in Microsoft Excel zu integrieren und zu bearbeiten. Die Frequenz der Messungen ist einstellbar und wurde im Bereich von 3 bis 4 s variiert.

7 Simulations- und Messergebnisse

Alle Experimente wurden mit dem Kältemittel R507 durchgeführt.

7.1 Anlage ohne inneren Wärmeübertrager

Es wurde zunächst eine einfache Anlage ohne inneren Wärmeübertrager (Abb. 2-1) theoretisch berechnet und untersucht. Die schematische Darstellung des Simulationsmodells für die Anlage wurde in Kapitel 5 Abb. 5-1 gezeigt. Zunächst wurde die Anlage mit dem Herstellerangaben theoretisch berechnet. Für alle Berechnungen wurde die Luftabkühlung im Verdampfer konstant und von ca. 7 auf ca. 4°C festgelegt. Die Überhitzung im Verdampfer betrug 6K. Dem Anhang A.1 sind die technischen Daten von allen Kältekomponenten zu entnehmen.

Danach folgten die experimentellen Untersuchungen. Es war geplant worden, die Untersuchungen bei einer Kälteleistung von etwa 10 kW durchführen.

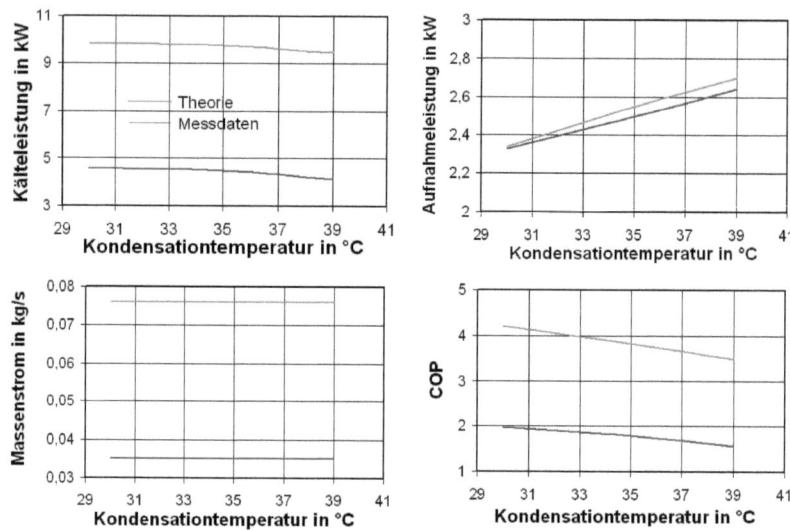

Abb. 7-1 Anlage ohne IWÜ. Theorie- und Messdaten

Abb. 7-1 zeigt die Ergebnisse der Berechnungen im Vergleich mit den Messergebnissen in Abhängigkeit von der Kondensationstemperatur. Es ist deutlich zu sehen, dass bei den Experimenten der Verdichter nur etwa die Hälfte des entsprechend dem Verdichterhubvolumen erwarteten Massenstroms lieferte, obwohl die Leistungsaufnahme des Verdichters dem Wert bei 100 % Massenstrom entsprach.

Leider konnte die Ursache dafür nicht ermittelt werden. Der Hersteller des Verdichters konnte uns auch nicht helfen. Es wurde in den Rohrleitungen der Anlage keine Störungen gefunden. Deswegen wurde im Programm für den Verdichter der gemessene Kältemittelmassenstrom verwendet.

7.2 Kältekreislauf mit einem Gegenstromwärmeübertrager als IWÜ

Im Kapitel 4.1 war vorausgesagt worden, dass die in Abb. 4-1 gezeigte einfache Schaltung mit einem Gegenstromwärmeübertrager als IWÜ regeltechnisch nicht stabil ist. Diese Voraussage wurde bei unseren ersten Experimenten bestätigt. Abb. 7-2 zeigt den Verlauf der Überhitzung einerseits am Ausgang aus dem Verdampfer (rote Kurve) und andererseits an der Position des Fühlers des Überhitzungsreglers stromabwärts vom IWÜ auf der Saugleitung.

Die experimentellen Untersuchungen wurden sowohl mit einem TEV als auch mit einem elektronischen pulsmodulierten Expansionsventil durchgeführt. In beiden Fällen kann das Regelsystem keinen stabilen Arbeitspunkt finden. Die Austrittstemperatur aus dem IWÜ auf der Saugleitung schwankt sehr stark und es besteht die Gefahr, dass Flüssigkeit in den Verdichter kommt. Die Kälteleistung bei diesen Versuchen lag bei ca. 4kW.

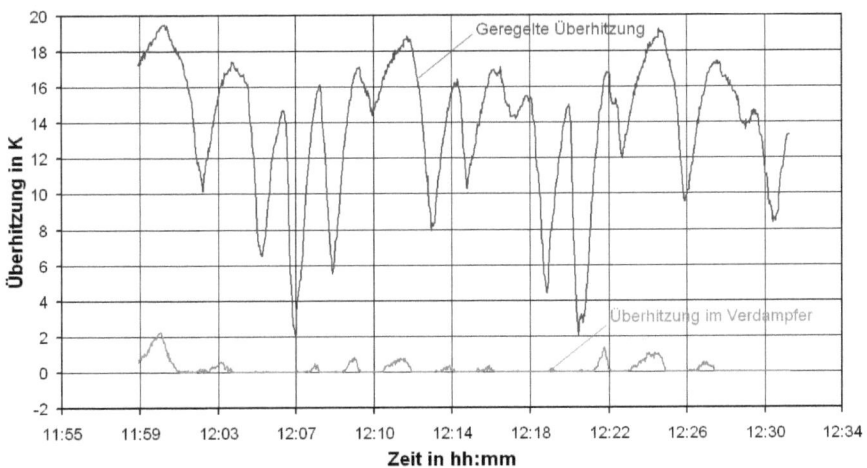

Abb. 7-2 Gegenstromwärmeübertrager. Elektronisches Expansionsventil.

Wir fanden also bestätigt, dass wir nach alternativen Schaltungen, die eine stabile Regelung ermöglichen, suchen mussten.

7.3 Kältekreislauf mit Verteilung des Kondensats

7.3.1 Stationäre Simulation

Als erstes wurde der Kreislauf, der bereits in Abb. 4-3a beschrieben wurde, theoretisch und experimentell untersucht. In Abb. 7-3 ist das Fließbild noch einmal dargestellt. Es besteht aus den Hauptkomponenten: Verflüssigungssatz 1, zwei Drosselorganen 2 und 6, Verdampfer 3 und innerem Wärmeübertrager 5.

Der Temperaturfühler des Überhitzungsreglers wurde stromabwärts vom inneren Wärmeübertrager auf der Saugleitung platziert. Die Überhitzung wurde mit dem Expansionsventil 2 geregelt. Mit dem Handventil 6 wurde ein fester Massenstrom durch den inneren Wärmeübertrager eingestellt. Mit einer solchen Kombination von innerem Wärmeübertrager und Drosselventilen wurde die Überhitzung aus dem Verdampfer komplett ausgelagert. Die Überhitzung wird nur im inneren Wärmeübertrager erreicht, damit die gesamte Verdampferfläche für die Kältemittelverdampfung genutzt werden kann. Für die theoretische Untersuchung des Kältekreislaufs wurde mit *Modelica* das Simulationsprogramm dafür geschrieben.

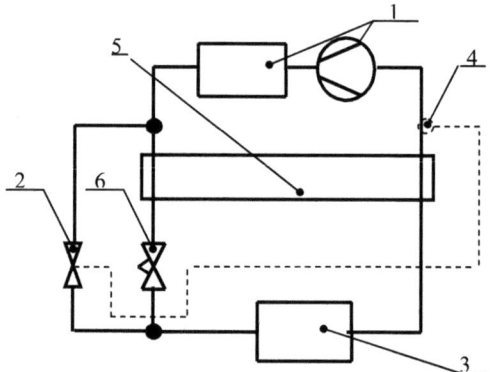

Abb. 7-3 Der alternative Kältekreislauf

Berechnungen wurden mit dem Kältemittel R507 durchgeführt. Als konstante Größe wurden die Kälteleistung von 10 kW und die Abkühlung der Luft durch den Verdampfer von ca. 8 auf ca. 4°C vorgegeben. Im Fall des Kältekreislaufs ohne IWÜ wurde die Überhitzung im Verdampfer auf 6 K eingestellt. Bei den Rechnungen mit dem alternativen Kältekreislauf wurde die Überhitzung im IWÜ zwischen 6 und 12 K mit einem Schritt von 2 K variiert. Die

Kondensationstemperatur bei den Untersuchungen aller Kältekreisläufe wurde zwischen 25 und 45°C mit einem Schritt von 5 K verändert.

Der höchste Massenstrom durch ein Ventil mit einem konstanten Strömungsquerschnitt kann, wie aus der Gleichung 5.67 vorgeht, bei der maximalen Druckdifferenz, die über den Ventil ansteht, erreicht werden. Die experimentellen Untersuchungen wurden mit einem Handventil HEV gemacht. Dies bedeutet, dass der einmal eingestellte Strömungsquerschnitt des Ventils weiter nicht geändert wurde. Deswegen wurde der Hochdruckmassestrom durch den IWÜ für jeden Überhitzungswert so eingestellt, dass bei der höchsten Kondensationstemperatur der Teilmassenstrom nicht höher als 40 % des gesamten Kältemittelmassestroms in der Anlage sein sollte. Dieser Wert wurde aus folgendem Grund gewählt: Bei Störungen, zum Beispiel bei einer plötzlichen Änderung der Last im Verdampfer, gibt es nur eine Möglichkeit, die Anlagenfunktionsfähigkeit wieder zur Ordnung zu bringen. Das ist die Änderung des Massenstroms über das Expansionsventil 2 (Abb. 7-4). Wenn der Kältemittelmassestrom durch das Expansionsventil kleiner wird als 50-60 % vom gesamten Massestrom, dann ist fraglich, ob es möglich ist, die Funktionsfähigkeit der Anlage zu erhalten.

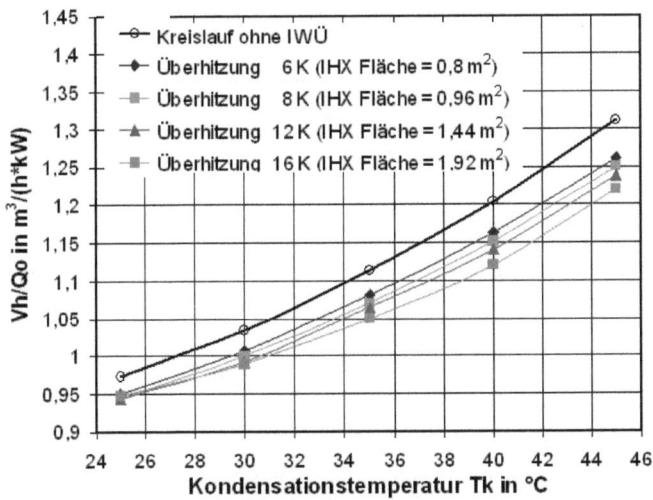

Abb. 7-4 Änderung des Verdichterhubvolumens

Die Geometrie und die Abmessungen sowie die technischen Daten des Verdampfers, der in dem Programm genutzt wurde, sind im Anhang A.1 Tab. A1 dargestellt. Es wurde ein Hubkolbenverdichter mit regelbarer Drehzahl modelliert. Die Konstruktion des IWÜs war die gleiche wie die des IWÜs, der im Abschnitt 5.6 behandelt wurde. Die Wärmeaustauschfläche des

IWÜs wurde so variiert, dass bei höchster Kondensationstemperatur in der Kälteanlage der Flüssigkeitsanteil am Eintritt in den IWÜ nicht mehr als 9% sein sollte. Es wurde festgestellt, dass eine weitere Erhöhung des Flüssigkeitsanteils zu einem instabilen Regelverhalten führt (Abb. 7-23).

Die Abbildungen 7-4 und 7-5 zeigen Ergebnisse von Berechnungen der Anlage im stationären Betrieb: Das erforderliche Hubvolumen des Verdichters und die theoretische Änderung des COP bei verschiedenen Kondensationstemperaturen in Abhängigkeit von der Flächengröße des IWÜs. In den Abbildungen ist deutlich zu sehen, dass der Einsatz eines größeren inneren Wärmeübertrager die Verwendung eines kleineren Verdichters in einer Kälteanlage ermöglicht. Der Einsatz eines kleineren Verdichters führt zu einer Energieeinsparung und einer Verbesserung des COP. Aber bei tieferen Kondensationstemperaturen (unter 35°C) bringt der Einsatz eines großen IWÜ keinen großen Vorteil mehr. Die Ursache dafür ist, dass die Überhitzung doch schon im Verdampfer stattfindet. Z.B. bei einer eingestellten Überhitzung von 12K und einer Kondensationstemperatur 25°C beträgt die Überhitzung im Verdampfer ca. 4,5K.

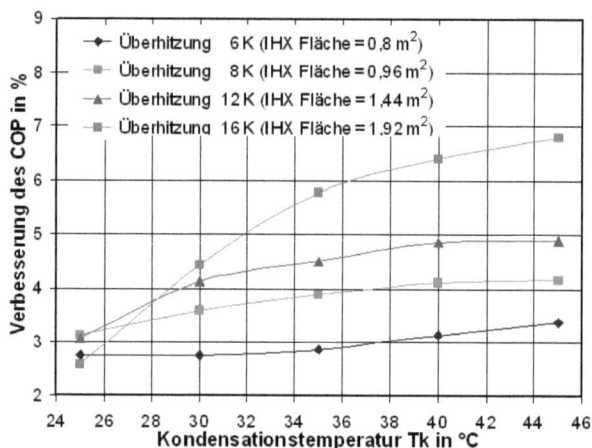

Abb. 7-5 Verbesserung des COP gegenüber der Anlage ohne IWÜ

Es wurden weitere Untersuchungen durchgeführt, die als Ziel die Bestimmung des Einflusses der Verdampfergröße auf den COP hatten. Abb. 7-6 zeigt die Ergebnisse. Die Untersuchungen wurden bei der Überhitzung 6K und der Kondensationstemperatur 30°C gemacht.

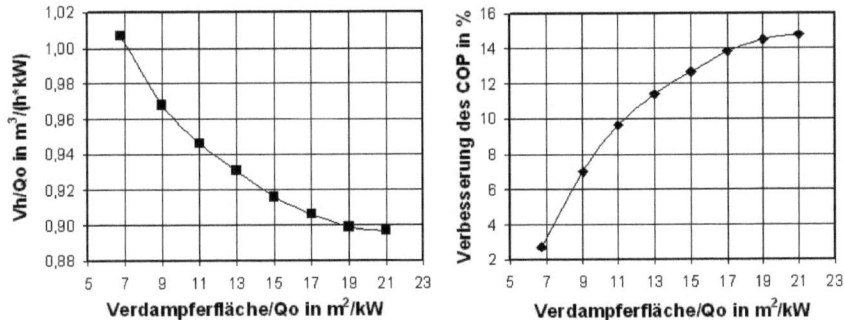

Abb. 7-6 Änderung des Verdichtershubvolumens und des COP

Durch den Einsatz eines doppelt so großen Verdampfers verkleinert sich das erforderliche Verdichterhubvolumen um etwa 8 %, und dies führt zu einer Verbesserung des COP um ca. 11 %. Der Einsatz eines noch größeren Verdampfers führt zu einer weiteren Verbesserung des COP, aber damit steigen Verdampferkosten und Druckverluste und so lohnt sich eine weitere Vergrößerung der Verdampferfläche nicht mehr.

7.3.2 Experimentelle Untersuchungen

Der Kältekreislauf wurde experimentell untersucht. Bei verschiedenen Arbeitsbedingungen wurde der Kältemittelmassenstrom über den inneren Wärmeübertrager zwischen 18 und 40 % vom gesamten Kältemittelmassenstrom variiert. Die Untersuchungen wurden bei gleicher Verflüssigungstemperatur 35 °C gemacht. Als konstante Größe wurde die mittlere Lufttemperatur in der Kühlzelle gewählt. Die Überhitzung im Verdampfer bei den Untersuchungen des Kältekreislaufes ohne inneren Wärmeübertrager betrug etwa 6K. Im Fall mit dem inneren Wärmeübertrager wurde die Überhitzung auf etwa 10 K geregelt.

	ohne IWÜ	mit IWÜ
Kälteleistung, kW	3,64	4,2
Temperatur im Verdampfer, °C	-4,6	-1,8
Die Änderung der Lufttemperatur über dem Verdampfer, °C	von 2 auf -0,6	von 2 auf -0,4
Relativer COP-Wert	1	1,08

Tabelle 1 Messergebnisse

Tabelle 1 zeigt die Messergebnisse im stationären Betrieb mit geschlossener Kompressor-Bypasslinie. Die elektrische Heizleistung wurde so variiert, bis sich die gewünschte mittlere Lufttemperatur einstellte. Man erkennt, dass im Fall mit innerem Wärmeübertrager die Verdampfungstemperatur um 2,8 K angehoben werden kann. Die Differenz zwischen der Luftaustrittstemperatur und der Verdampfungstemperatur beträgt weniger als 2 K. Damit ist eine genaue Temperaturregelung möglich. Die Erhöhung der Verdampfungstemperatur bedeutet einen niedrigeren spezifischen Energiebedarf, sowie weniger Abtaubedarf. Das führt zur Verbesserung des COP.

Es wurden dieselben Untersuchungen auch bei höherer Heizleistung gemacht. Tabelle 2 zeigt die Messergebnisse, die genau so gut sind wie die bei kleinerer Kälteleistung. Die Verdampfungstemperatur konnte (bei 7,8 % höherer übertragenen Kälteleistung) um 1,5 K erhöht werden. Die Differenz zwischen Luftaustritts- und Verdampfungstemperatur liegt bei 2,3 K. Der beabsichtigte Effekt der Effizienzsteigerung und Erhöhung der Verdampfungstemperatur konnte somit nachgewiesen werden.

	ohne IWÜ	mit IWÜ
Kälteleistung, kW	4,64	5
Temperatur im Verdampfer, °C	0,5	2
Die Änderung der Lufttemperatur über den Verdampfer, °C	von 7,7 auf 4,5	von 8 auf 4,3
Relative COP-Wert	1	1,07

Tabelle 2. Messergebnisse.

7.3.3 Regelverlauf

Um das dynamische Verhalten der Anlage zu testen, wurde die Heizleistung in Luftkreislauf jeweils sprunghaft von 100 % auf 70 % reduziert. Mit der oben erwähnten Bypassregelung wurde versucht, den Saugdruck des Kompressors konstant zu halten. Abb. 7-7 zeigt Verdampfungstemperatur und Überhitzungstemperatur bei einer sprunghaften Änderung der Heizleistung von 100 % auf 70 % zum Zeitpunkt 6 Minuten. Im Fall des einfachen Kältekreislaufs ohne IWÜ ändern sich die Verdampfungstemperatur und die Eintrittstemperatur so, dass es immer eine sichere Überhitzung vor dem Verdichter gibt.

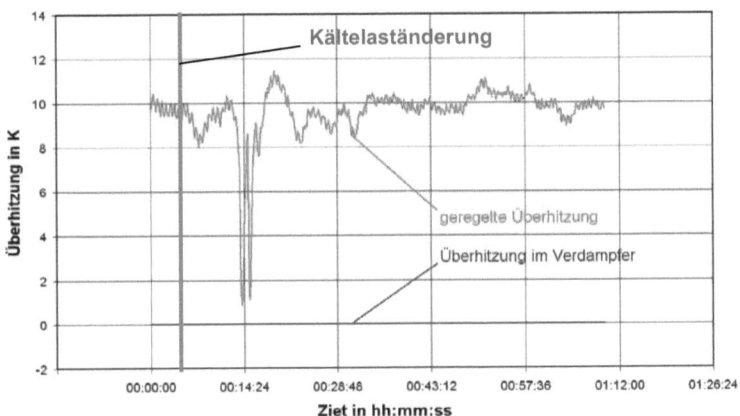

Abb. 7-7 Regelverlauf mit IWU (Messergebnisse, elektronisches Expansionsventil)
Überhitzung: 10K
Kondensationstemperatur: 35,5 °C
Flüssigkeitsgehalt am Eintritt des IWÜs: 2 %

Im alternativen Kältekreislauf (Abb. 7-3) sank die Überhitzung etwa 8 Minuten nach dem Lastwechsel auf etwa 1 K, bevor sie sich wieder auf den Sollwert einpendelte.

Das bedeutet, dass man in dieser Anordnung einen Flüssigkeitsabscheider als Sicherheit gegen Flüssigkeitsüberschläge zwischen dem inneren Wärmeübertrager und dem Verdichter anordnen sollte.

Die experimentellen Untersuchungen wurden mit dem pulsmodulierten Expansionsventil durchgeführt. Das Ventil ist ein Zweipositionregler.

Für die Simulation wurde ein Modell für einen idealen PI-Regler verwendet. Die Überhitzung nach der Änderung der Kälteleistung ändert sich fast nicht. Die Ursache für das experimentell festgestellte kurze starke Absinken der Überhitzung in Abb. 7-7 konnte durch die Simulation nicht gefunden werden.

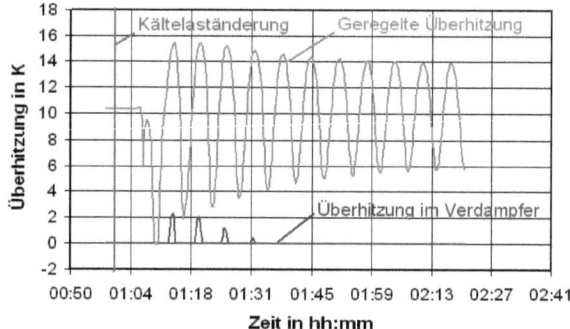

Abb. 7-8 *Regelverlauf (Simulationsrechnung, thermostatisches Expansionsventil)*
Überhitzung: 10K
Kondensationstemperatur: 35,5 °C
Dampfgehalt am Eintritt des IWÜs: 1,5%

Abb. 7-8 zeigt das Ergebnis eine Simulationsrechnung mit Einsatz eines TEVs (als eines P-Reglers) im Kältekreislauf statt des elektronischen Expansionsventils. Nach dem Lastwechsel sinkt die Überhitzung auf 0 K und das Ventil braucht dann viel Zeit, um wieder einen stabilen Arbeitspunkt zu finden. Dies bedeutet, dass das TEV allein vermutlich in einer solchen Anordnung keine große Chance hat, den Verdichter zu schützen.

7.3.4 Schlussfolgerung

Obwohl der Kreislauf mit der Verteilung des Kondensats vor dem IWÜ Vorteile gegenüber dem einfachen Kältekreislauf ohne IWÜ hat, besteht ein Nachteil darin, dass der alternative Kältekreislauf eine komplizierte Schaltung hat. Es muss ein zusätzliches Expansionsventil in den Kreislauf eingeführt werden, und der Massestrom über dies Ventil ist nicht automatisch variierbar. Die Einführung noch eines automatischen Expansionsventils macht das gesamte Regelsystem noch komplizierter. Aus diesem Grund wurden weitere Untersuchungen für diese Schaltung nicht durchgeführt.

7.4 Kältekreislauf mit innerem Wärmeübertrager in Gleichstrombauweise

In diesem Abschnitt werden sowohl theoretische als auch experimentelle Untersuchungen des Kältekreislaufs gemacht, welcher im Kapital 4 (Abb. 4-2b) erklärt wurde. Die theoretischen Untersuchungen wurden mit dem Kältemittel R507 und mit Ammoniak gemacht. Die experimentellen Untersuchungen wurden mit dem Kältemittel R507 durchgeführt.

7.4.1 Theoretische Berechnungen des stationären Betriebs

Die theoretischen Berechungen wurden mit dem Kältemittel R507 und mit Ammoniak (NH_3) durchgeführt. Es wurden eine konstante Kälteleistung von 10 kW und die Abkühlung der Luft im Verdampfer von 8 auf 4 °C festgelegt. Im Fall des einfachen Kältekreislaufes ohne IWÜ wurde die Überhitzung im Verdampfer auf 6 K eingestellt.

Die Rechnungen wurden bei verschiedenen Kondensationstemperaturen im Bereich von 25 bis 45 °C gemacht. Die Überhitzung im IWÜ wurde auch variiert und betrug zwischen 6 und 16K. Im Gegensatz zu den Berechnungen in Kapitel 7.3.1 wurde nun die Geometrie des Verdampfers des Teststandes fest vorgegeben.

7.4.1.1 Untersuchungen mit einem Rohrbündelwärmeübertrager

Die Konstruktion des IWÜs spielt bei der Schaltung eine wichtige Rolle. Es muss der Rest der Flüssigkeit im IWÜ zuerst verdampft werden, bevor der gesamte Dampf überhitzt werden kann. In Kapital 5.6.5 wurden die theoretischen Überlegungen zum Rohrbündelwärmeübertrager dargestellt. Es wurde praktisch (Kapitel 7.4.4.4) und theoretisch festgestellt, dass bei dieser Konstruktion des IWÜs bis zu 8 % Flüssigkeit problemlos verdampft werden kann. Ein Anteil von mehr als 8 % Flüssigkeit kann zu einer Instabilität des Regelverhaltens führen. Um die besten Ergebnisse zu bekommen, wurde die Größe der Fläche des IWÜs für jede Überhitzung jeweils optimiert. Je höher der Kondensationsdruck ist, desto mehr Wärme kann im IWÜ übertragen werden. Um die eingestellte Überhitzung bei solchen Bedingungen konstant zu halten, wird das Expansionsventil den Kältemittelmassenstrom so regeln, dass noch mehr Flüssigkeit aus dem Verdampfer in den IWÜ fließt. Aus diesem Grund wurde die Fläche des IWÜs so gewählt, dass der Flüssigkeitsanteil am Eintritt in den IWÜ nicht höher als 8 % ist.

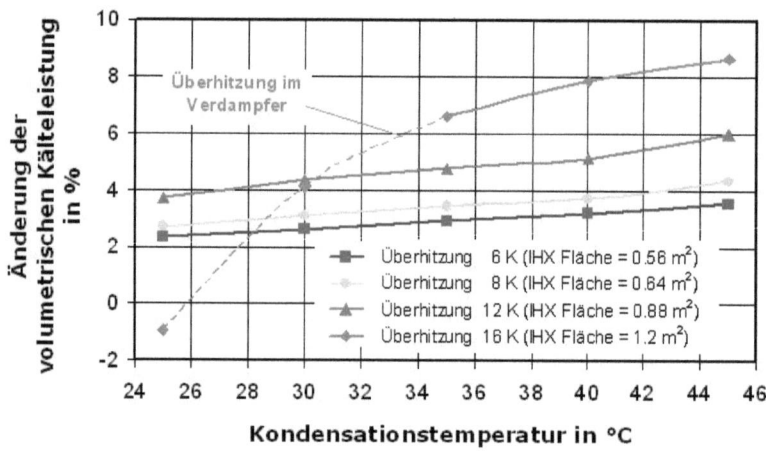

Abb. 7-9 *Änderung der spezifischen volumetrischen Kälteleistung (Kältemittel R507)*

Die Abbildungen 7-9 und 7-10 zeigen die Änderung der volumetrischen Kälteleistung und des COP einer R507-Kälteanlage bei den verschiedenen Kondensationstemperaturen in Abhängigkeit von der Fläche des IWÜs. Aus den Abbildungen ist deutlich zu sehen, dass bei höheren Kondensationstemperaturen die Vergrößerung der Fläche des IWÜs zu einer Vergrößerung der spezifischen volumetrischen Kälteleistung führt. Außerdem bringt es Energieeinsparungen und eine Erhöhung des COP. Aber bei tieferen Kondensationstemperaturen lohnt es sich nicht, einen großen IWÜ im Kältekreislauf zu verwenden, denn die Überhitzung findet dann schon im Verdampfer statt.

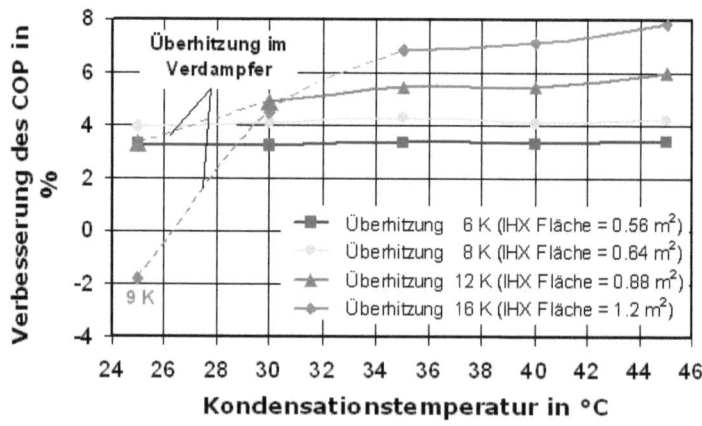

Abb. 7-10 *Änderung des COP (Kältemittel R507)*

Abb. 7-11 zeigt eine weitere Vergrößerung der volumetrischen Kälteleistung und des COP beim Einsatz eines überdimensionierten Verdampfers. Die Rechnungen wurden bei der Überhitzung 6 K und der Kondensationstemperatur von 30 °C gemacht. Wie im Kapital 7.3 bei der Schaltung mit der Verteilung des Kondensats festgestellt wurde, lohnt es sich auch in diesem Fall, einen doppelt so großen Verdampfer zu wählen. Damit wird der COP-Koeffizient um ca. 12 % steigen. Eine weitere Vergrößerung der Verdampferwärmefläche bringt noch zusätzliche Verbesserungen, aber damit steigen auch die Kosten des Verdampfers und die Druckverluste.

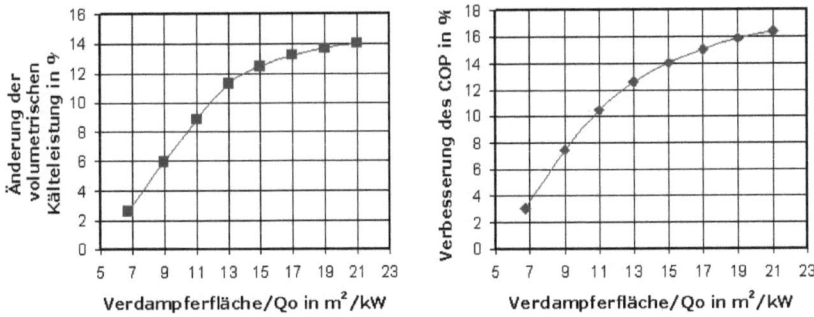

Abb. 7-11 *Änderung der volumetrischen Kälteleistung und des COP (Kältemittel R507)*
Überhitzung: 6K
Kondensationstemperatur: 30°C

Die gleichen Untersuchungen mit einem Rohrbündelwärmeübertrager wurden mit Ammoniak als Kältemittel gemacht. Auf Grund seiner Eigenschaften ist der Einsatz eines inneren Wärmeübertragers in einer NH_3-Kälteanlage normalerweise nicht zu empfehlen. Durch das Einfügen des IWÜs in den Kältekreislauf erhöht sich die Eintrittstemperatur in den Verdichter. Damit steigen sehr stark die Verdichteraustrittstemperatur und die Verdichterarbeit. Dieser Verlust ist größer als die gleichzeitige Vergrößerung der Kälteleistung.

Aber bei der untersuchten Schaltung (Abb. 4-2b) mit Einsatz eines relativ kleinen IWÜ gibt es gar keine zusätzliche Erhöhung der Verdichtereintrittstemperatur. Es ist möglich bei kleinerer Überhitzung von 6 K die Funktionsfähigkeit der Kälteanlage stabil zu halten. Die folgenden Ergebnisse zeigen eine Möglichkeit, den inneren Wärmeübertrager in der NH_3-Kälteanlage mit einer Verbesserung des COP zu verwenden.

Die Abbildungen 7-12 und 7-13 zeigen die Änderung der volumetrischen Kälteleistung (q_{ov}) und eine Verbesserung des COP bei zwei eingestellten Überhitzungen 6 bzw. 8 K. Es ist zu sehen, dass bei der Vergrößerung der Überhitzung die Erhöhung des COP kleiner wird. Dies passiert, wie schon oben und im Kapital 2 erwähnt, wegen des geringeren Molekulargewichts von NH_3.

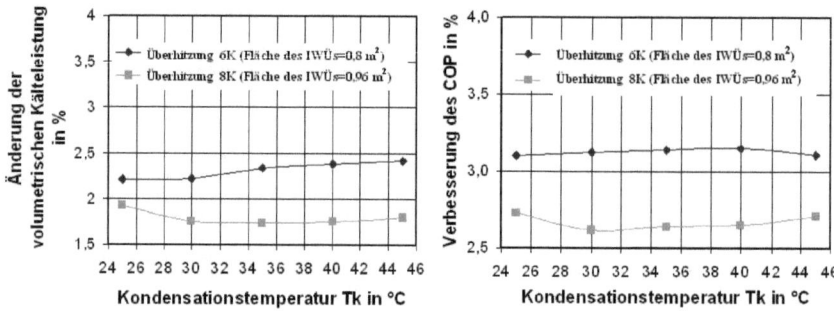

Abb. 7-12 Änderung der spezifischen volumetrischen Kälteleistung (Ammoniak).

Abb. 7-13 Verbesserung des COP (Ammoniak).

Diese theoretischen Untersuchungen wurden mit einem Trockenverdampfer durchgeführt. Normalerweise wird in einer NH_3-Kälteanlage ein überfluteter Verdampfern verwendet. Der kostet mehr als ein Trockenverdampfer und braucht mehr Kältemittel. Mit der untersuchten Schaltung mit IWÜ ist es möglich, einen kostengünstigen Trockenverdampfer in einer NH_3-Kälteanlage mit hoher Effizienz einzusetzen.

Eine weitere Verbesserung des COP kann durch Einsatz eines größeren Verdampfers erreicht werden. Abb. 7-14 zeigt eine Vergrößerung der q_{ov} und eine Verbesserung des COP in Abhängigkeit von der Verdampferfläche.

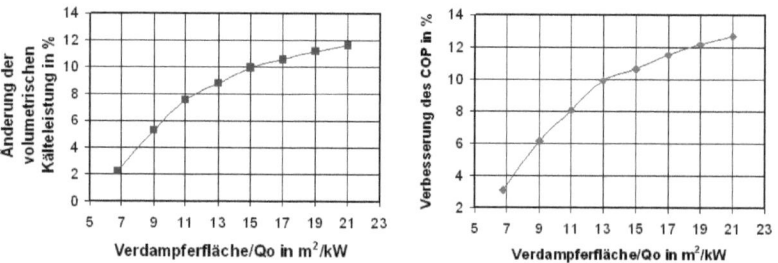

Abb. 7-14 Änderung der spezifischen volumetrischen Kälteleistung und eine Verbesserung des COP (Ammoniak).

Wie beim Kältemittel R507 bringt der Einsatz eines doppelt so großen Verdampfers eine wesentliche Verbesserung des COP. Der COP steigt um ca. 10 %. Eine weitere Vergrößerung der Verdampferfläche lohnt sich nicht mehr.

Die Untersuchungen wurden bei der Überhitzung 6 K und der Kondensationstemperatur 30 °C gemacht.

7.4.1.2 Untersuchungen mit einem „Rohr in Rohr"-Wärmeübertrager

Es wurde die theoretischen Untersuchungen auch mit einer anderen Konstruktion des IWÜs gemacht. Als eine Alternative zu dem Rohrbündelwärmeübertrager wurde ein einfacher „Rohr in Rohr"-Wärmeübertrager mit einer kleinen Änderung gewählt. Die Änderung bezieht sich darauf, dass der Saugstrom nicht im Raum zwischen dem Innen- und dem Außenrohr fließt, sondern in dem Innenrohr. Das Kondensat fließt im Raum zwischen den Rohren. Damit steigt die Wahrscheinlichkeit, dass die Flüssigkeitstropfen an die warme Fläche des Wärmeübertragers anstoßen werden.

Die Abmessungen des untersuchten IWÜs sind in Anhang A.1 Tab. A5 dargestellt. Bei der Änderung der Flächengröße des Wärmeübertragers wurde nur die Länge geändert.

Abb. 7-15 und Abb. 7-16 zeigen, wie sich q_{ov} und COP durch den Einsatz des IWÜs in Abhängigkeit von der Größe (Wärmeübertragerlänge) des IWÜs ändern.

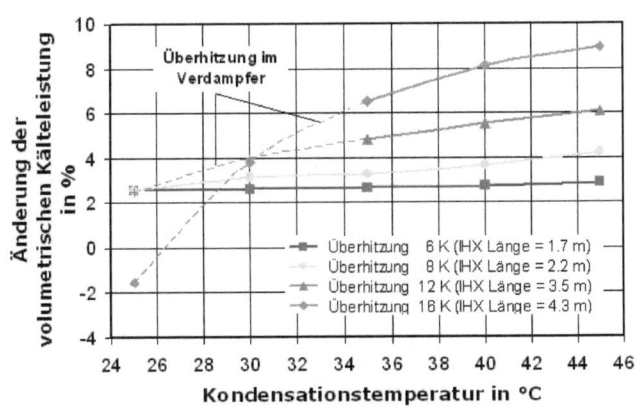

Abb. 7-15 Änderung der spezifischen volumetrischen Kälteleistung (Kältemittel R507)

Die Ergebnisse unterscheiden sich nicht sehr stark von den Ergebnissen mit dem Rohrbündelwärmeübertrager. Wie schon früher festgestellt wurde, führt eine Vergrößerung des inneren Wärmeübertrager zu einer Verbesserung des COP bei höheren Kondensationstemperaturen. Bei tieferen Kondensationstemperaturen ist der Einsatz eines größeren IWÜs nicht zu empfehlen, weil die Überhitzung im Verdampfer stattfindet, oder es muss eine andere kleinere Überhitzung bei tieferen Kondensationstemperaturen eingestellt werden. Insgesamt ist die Verbesserung des COP bei dem Einsatz des „Rohr in Rohr"-Wärmeübertragers etwa größer als beim Rohrbündelwärmeübertrager. Und theoretisch beträgt der maximale Flüssigkeitsanteil, der ohne Probleme im IWÜ verdampft werden kann, bei dieser Konstruktion des IWÜs ca. 10 %.

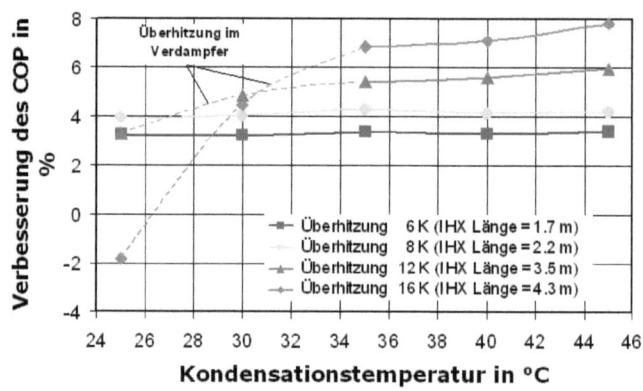

Abb. 7-16 Änderung des COP (Kältemittel R507)

Eine weitere Vergrößerung der Fläche des Verdampfers, wie Abb. 7-17 zeigt, führt zu einer Verbesserung des COP. Energetisch und finanziell ist es sinnvoll, einen doppelt so großen Verdampfer in der Kälteanlage zu verwenden.

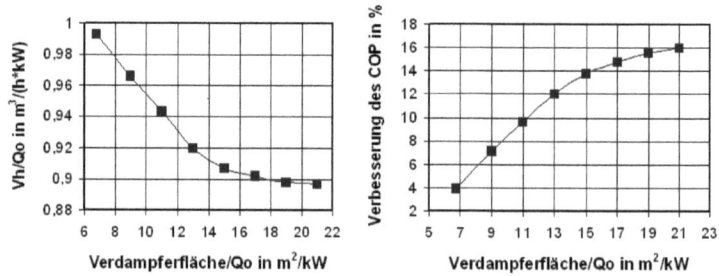

Abb. 7-17 Änderung des Verdichterhubvolumens und des COP
Überhitzung: 6K; Kondensationstemperatur: 30°C

7.4.2 Experimente

Um die Theorie zu überprüfen, wurden experimentelle Untersuchungen mit R507 und dem Rohrbündelwärmeübertrager durchgeführt. Es wurde eine konstante Abkühlung der Luft über dem Verdampfer von 7 auf 4 °C festgelegt. Im Fall des einfachen Kältekreislaufes ohne IWÜ wurde die Überhitzung im Verdampfer auf 6K eingestellt. Die Untersuchungen wurden bei verschiedenen Kondensationstemperaturen im Bereich zwischen 30 und 39 °C gemacht. Die Überhitzung im IWÜ wurde auch variiert und betrug zwischen 10 und 16 K. Die Untersuchungen wurden mit dem gleichen Prüfstand durchgeführt, der im Kapital 6 beschrieben wurde.

7.4.2.1 Untersuchungen mit einem elektronischen pulsmodulierten Expansionsventil

Als Expansionsventil wurde ein elektronisches pulsmoduliertes Expansionsventil (der Firma ALCO Controls) verwendet.

Die linke Seite von Abb. 7-18 zeigt die Erhöhung der Verdampfungstemperatur T_O im Vergleich mit der Anlage ohne IWÜ. Um die gleiche Luftabkühlung über dem Verdampfer zu bekommen, kann mit der Schaltung die Verdampfungstemperatur in der Anlage um mehr als 2 K angehoben werden. Weil alle Untersuchungen mit dem gleichen Verdichter gemacht wurden, wurde durch den Einsatz des IWÜs und die höhere Verdampfungstemperatur eine größere Kälteleistung realisiert. Die Vergrößerung der Kälteleistung zeigt die rechte Seite von Abb. 7-18. Dies führt natürlich auch zu einer Erhöhung des COP (Abb. 7-19).

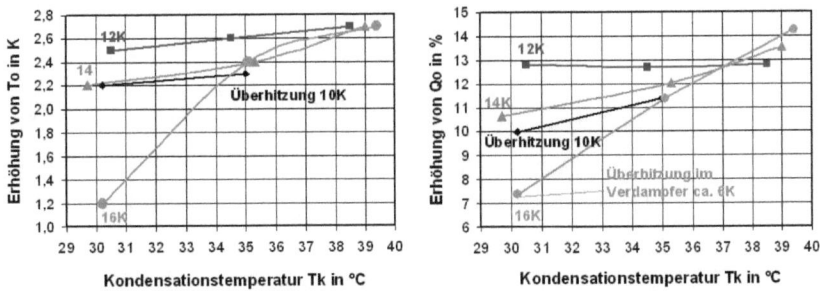

Abb. 7-18 Änderung der Verdampfungstemperatur und der Kälteleistung

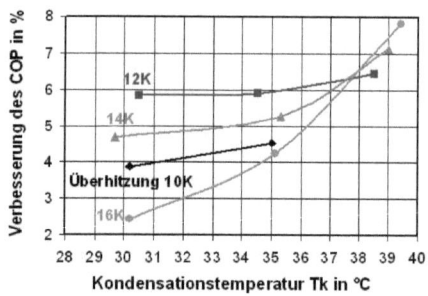

Abb. 7-19 Änderung des COP

Die Erhöhungen des COP wurden durch die Erhöhung der jeweiligen Kälteleistung erreicht. Die erforderliche Verdichterleistung bei allen Messpunkten ändert sich auch; aber die Änderung der Kälteleistung hat einen grösserenen Einfluss auf den COP. Die maximale Verbesserung des COP wurde bei der Überhitzung 16 K und der Kondensationstemperatur ca. 39 °C erreicht. Aber bei einer tieferen Kondensationstemperatur von z.B. 30 °C und einer Überhitzung von 16 K findet die Überhitzungsbereich bereits im Verdampfer statt. Die Überhitzung dort beträgt ca. 6 K und dies führt zu einer Verschlechterung des Wärmeübergangs im Verdampfer. Damit ist es nicht mehr möglich, bei deutlich höherer Verdampfungstemperatur zu arbeiten. In diesem Fall beträgt die Verbesserung des COP nur etwa 2,5%. Die Überhitzung findet in diesem Fall im Verdampfer statt, weil die Gleichstromschaltung des IWÜ an die Grenzen ihrer Möglichkeiten stößt.

Durch die Erhöhung der Verdampfungstemperatur wurde am Austritt aus dem Verdampfer eine Differenz zwischen der Luftaustrittstemperatur und der Kältemitteltemperatur unter 2 K erreicht. Damit ist es möglich, die Lufttemperatur in der Kühlzelle sehr präzise zu regeln.

Wie am Anfang von Kapitel 7.4.2 erwähnt wurde, wurden die gerade beschriebenen Experimente mit der Luftabkühlung von 7 auf 4 °C durchgeführt. Anschließend wurden die gleichen experimentellen Untersuchungen bei kleinerer Kälteleistung und tieferer Lufttemperatur gemacht.

In Abb. 7-20 sind die Erhöhung der Verdampfungstemperatur und die Änderungen des COP als Zusammenfassung der Untersuchungen dargestellt. Es ist zu sehen, dass es bei niedrigerer Kälteleistung (To unter -5 °C im Fall des Kältekreislaufs ohne IWÜ) möglich ist, bei relativ noch höherer Temperatur im Verdampfer zu arbeiten. Dies führt zu einer weiteren Verbesserung des COP.

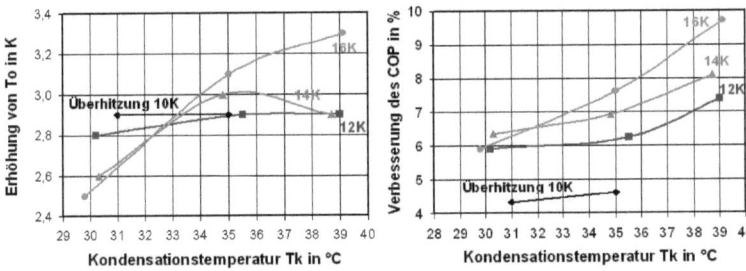

Abb. 7-20 Erhöhung von To und die Änderung des COP (Luftabkühlung von 7 auf 4 °C)

7.4.2.2 Untersuchungen mit einem thermostatischen Expansionsventil

Als nächster Schritt wurden die Untersuchungen mit einem thermostatischen Expansionsventil (TEV) gemacht. Es wurde das Ventil von Typ TCAE der Fa. Danfoss gewählt. Das Expansionsventil hat einen austauschbaren Düseneinsatz und eine justierbare Überhitzung.

Mit dem thermostatischen Ventil wurden fast alle Messpunkte, die mit dem pulsmodulierten Expansionsventil erreicht worden waren, auch untersucht. Die Ergebnisse zeigen, dass diese Anlage mit der Kombination von innerem Wärmeübertrager in Gleichstrombauweise und thermostatischem Expansionsventil sowohl beim Start als auch im stationären Betrieb stabil läuft.

Aber bei Störungen im System, wie einer plötzlichen Änderung der Kältelast, wurde eine Instabilität des Regelverhaltens festgestellt. Dies wird im Kapital 7.4.3.2 ausführlich beschrieben.

7.4.3 Regelverlauf

7.4.3.1 Puslmoduliertes Expansionsventil

Um das Regelverhalten des Systems zu untersuchen, wurde zu einem bestimmten Zeitpunkt die Kälteleistung von 100 auf 70 % reduziert. Abb. 7-21 zeigt den Verlauf von Eintritts- und Austrittstemperaturen des Verdampfers und die Überhitzung im Fall des elektronischen pulsmodulierten Expansionsventils. Nach der Änderung der Kälteleistung sinkt die Überhitzung in beiden Fällen kurzzeitig auf 7 K und danach findet das System wieder Stabilität. Im Fall der Überhitzung von 10 K beträgt der Flüssigkeitsanteil am Eintritt in den IWÜ ca. 5 % und im Fall der Überhitzung von 12 K beträgt der Flüssigkeitsanteil ca. 3 - 4 %. Die Ursache für den steigenden Flüssigkeitsgehalt am Eintritt in den IWÜ mit der wachsender Kondensationstemperatur wurde im Kapitel 7.4.1.1 erklärt.

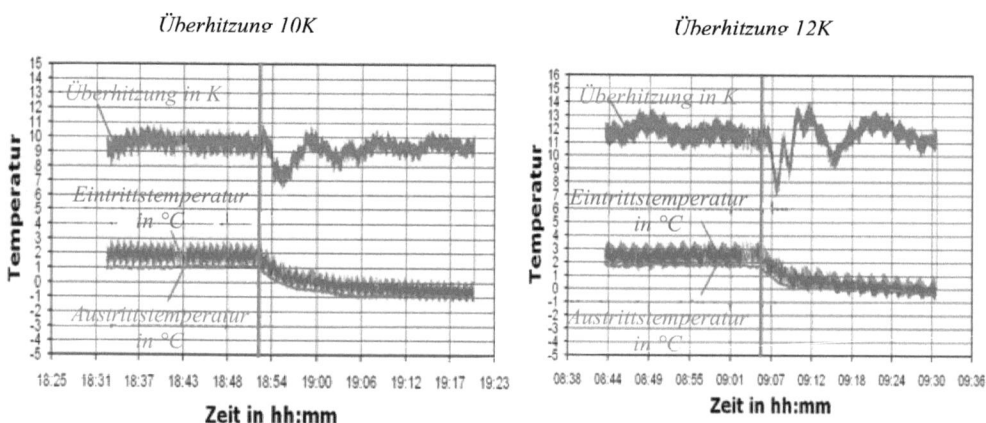

Abb. 7-21 *Dynamisches Regelverhalten (Kondensationstemperatur: 35°C, Kälteleistung: 5 – 3,5 kW) Pulsmoduliertes Expansionsventil*

Abb. 7-22 zeigt das Regelverhalten im Fall bei erhöhter Umgebungstemperatur, wenn der Flüssigkeitsanteil beim Eintritt in der IWÜ ca. 7 – 8 % beträgt. In diesem Fall sinkt die Überhitzung kurzfristig von 12 auf 1 K, dann findet das System wieder zu einem stabilen Betrieb zurück. Der Düseneinsatz in dem Ventil war bei diesem Versuch leicht überdimensioniert; aber der Einsatz einer kleineren Düse hat das Problem nicht beseitigt. Das bedeutet, dass man zur Sicherung des Verdichters in dieser Anordnung zwischen dem inneren Wärmeübertrager und dem Verdichter einen Flüssigkeitsabscheider anordnen sollte.

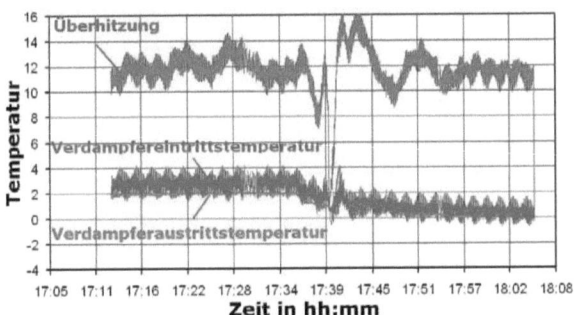

Abb. 7-22 *Dynamisches Regelverhalten. Puslmoduliertes Expansionsventil*
Überhitzung: 12K, Kondensationstemperatur: 39°C, Kälteleistung:4,7 kW – 3,2 KW

Abb. 7-23 stellt die experimentellen Untersuchungen des maximalen Flüssigkeitsgehalts am Eintritt im IWÜ, bei der das Regelsystem stabil funktionieren kann, dar. Die Überhitzung beträgt ca. 10 K und muss vom pulsmodulierten Expansionsventil konstant geregelt werden. Bei der Kondensationstemperatur ca. 35 °C ist der Flüssigkeitsgehalt am Eintritt im IWÜ etwa 5 - 6 % groß, und es ist eine stabile Regelung zu beobachten. Steigt die Umgebungstemperatur, dann steigt auch die Kondensationstemperatur. Dies führt, bei konstanter gehaltener Überhitzung, zu einer Vergrößerung des Flüssigkeitsgehalts am Eintritt in den IWÜ. Beim Erreichen eines Flüssigkeitsgehaltes von etwa 8 – 9% (Kondensationstemperatur: 37°C) wird das Regelverhalten instabil.

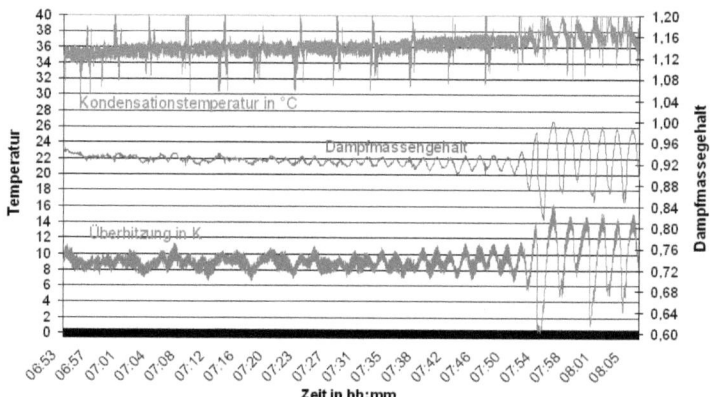

Abb. 7-23 *Dynamisches Regelverhalten. Pulsmoduliertes Expansionsventil*
  Überhitzung 10 K; konstante Kälteleistung 5 kW; langsam ansteigende
  Umgebungstemperatur

Für jeden Typ des IWÜs ist den Wert des maximalen Flüssigkeitsgehalts am Eintritt im IWÜ anders und muss theoretisch und experimentell festgestellt werden.

7.4.3.2 Thermostatisches Expansionsventil

Das dynamische Regelverhalten wurde auch mit dem TEV geprüft. Abb. 7-24 zeigt der Verlauf der Verdampfereintritts-, Verdampferaustrittstemperatur und die geregelte Überhitzung. Nach der Änderung der Kältelast von 100 auf 70 % kann das Regelsystem keinen stabilen Betrieb der Kälteanlage gewährleisten. Die Überhitzung pendelt zwischen ca. 16,5 K und 2 K. Nach dem Anheben der Kältelast auf 100 % findet das Regelsystem wieder zu einem stabilen Betrieb (Abb. 7-24).

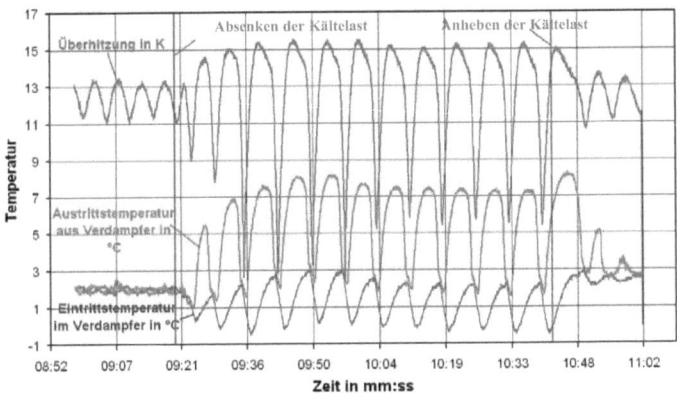

Abb. 7-24 Dynamisches Regelverhalten (Messergebnisse, TEV)
   Überhitzung: 12K; Kondensationstemperatur: 36 °C;
   Kälteleistung: 5 kW – 3,4 kW – 5 kW

Ähnliche Ergebnisse ergeben sich bei veränderten Betriebsparametern, z.B. bei einer anderen Kältelast (Abb. 7-25, Abb. 7-26) und sogar wenn der Flüssigkeitsanteil am Eintritt in den IWÜ zwischen 2 und 3 % betrug.

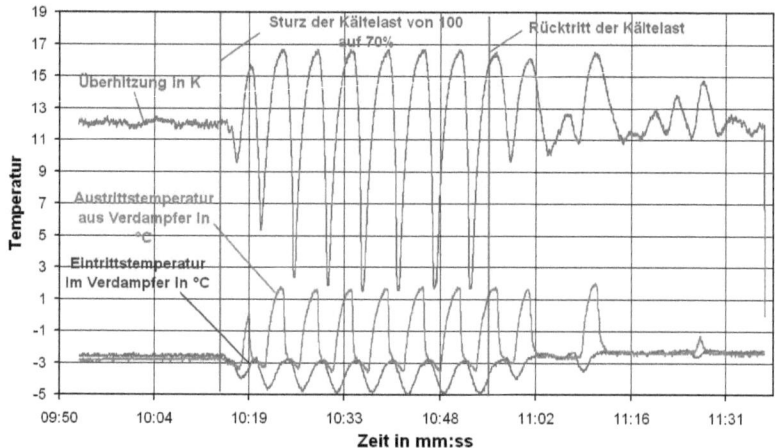

Abb. 7-25 *Dynamisches Regelverhalten (Messergebnisse, TEV)*
  Überhitzung: 12K; Kondensationstemperatur: 35°C; Kälteleistung: 4kW - 2,8kW - 4kW

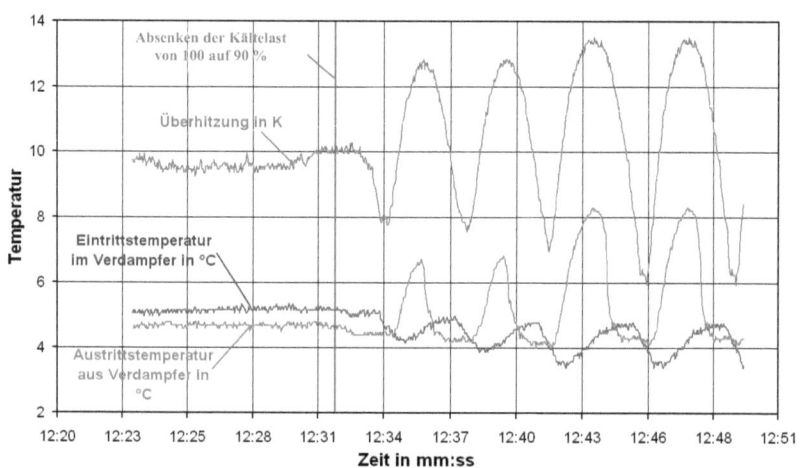

Abb. 7-26 *Dynamisches Regelverhalten (Messergebnisse, TEV)*
  Überhitzung: 10K; Kondensationstemperatur: 36 °C; Kälteleistung: 5,6kW – 5,1kW;
  Flüssigkeitsanteil am Eintritt in IWÜ: ca. 3 %

Abb. 7-26 zeigt den Temperaturverlauf bei einer höheren Verdampfungstemperatur und bei einer kleineren Änderung der Kälteleistung. In diesem Fall wurde die Kälteleistung plötzlich von 100 auf 90 % reduziert. Es ist zu erkennen, dass auch bei der kleineren Kältelaständerung und dem großen Massenstrom (maximale Durchlassfähigkeit des TEVs) das Regelsystem keinen stabilen Arbeitspunkt finden kann.

Diese ersten Ergebnisse mit dem TEV waren äußerst unbefriedigend. Es wurde nach Ursachen für das instabile Regelverhalten gesucht. Zunächst wurde vermutet, dass der thermische Kontakt des Temperaturfühlers mit dem Rohr ungenügend sein könnte. Aber die Einführung des Fühlers des Ventils in das Rohr nach dem IWÜ hinein hatte keine positive Wirkung auf das Regelverhalten des Systems (Abb. 7-27).

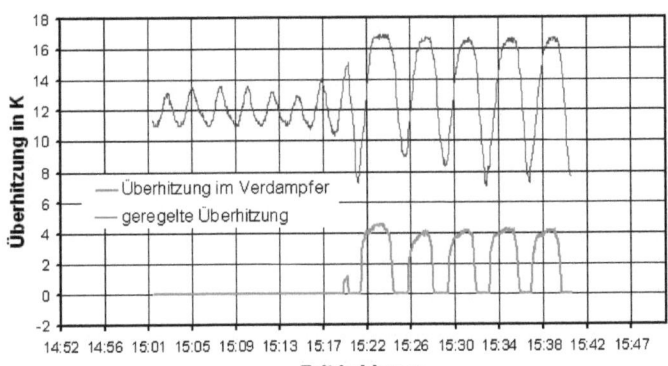

Abb. 7-27 Dynamisches Regelverhalten (Messergebnisse, TEV, Fühler im Rohr)
Überhitzung: 12K; Kondensationstemperatur: 35,5°C; Kälteleistung: 4,8kW – 3,4kW;
Flüssigkeitsanteil am Eintritt in IWÜ: ca. 4 - 5%

7.5 Schlussfolgerung

Nach Abschluss dieser Versuchsserie ergab sich folgendes Bild:

Mit dem pulsmodulierten Expansionsventil gibt es einen großen Parameterbereich, in welchem die Regelung stabil funktioniert. Eine Instabilität des Regelsystems kann nur ein großer Flüssigkeitsgehalt am Eintritt in den IWÜ verursachen, der größer als der maximale Wert für den Typ des IWÜs ist. Die richtige Auslegung der Kälteanlagekomponenten kann natürlich das Problem vermeiden.

Mit dem TEV gab es unter einer Kälteleistung von etwa 5kW keinen stabilen Betriebszustand. Dieses Ergebnis war sehr deprimierend, denn es war ja gerade das TEV, für welches wir eine stabile Regelung finden wollten.

Dass die Sache nicht ganz hoffnungslos war, ergab sich aus zwei Beobachtungen: Erstens gab es mit dem pulsmodulierten Ventil stabile Arbeitsbereiche und zweitens scheint das System mit TEV bei größeren Kälteleistungen stabiler zu werden. Tiefere Einsichten erhofften wir uns von der Simulation des instationären Anlagebetriebs.

8 Simulationsuntersuchungen zum TEV

In diesem Kapitel sind die Simulationsuntersuchungen des Kreislaufs mit dem TEV dargestellt. Das Regelverhalten, das im Kapitel 7.4.4 gezeigt ist, wurde modelliert und es wurde versucht, eine Ursache für die beobachtete Instabilität zu ermitteln. Auf Grund der Simulationsergebnisse war es dann möglich, Vorschläge zur Stabilisierung des Regelverhaltens zu machen.

8.1 Simulation

Mit den in Kapitel 5.6 beschriebenen Modellen wurde die Simulation des Kältekreislaufs durchgerechnet. Die ersten Simulationsergebnisse sind in Abb. 8-1 dargestellt. Bei diesen Berechnungen wurde ein einfaches Schlupfmodell [36]

$$s = (\rho'/\rho'')^{0,33} \qquad (8.1)$$

verwendet. Es ist zu erkennen, dass es gelungen ist, die Instabilität des Systems mit der Rechnung nachzubilden. Das Regelsystem findet keinen stabilen Arbeitspunkt. Wie im Experiment wurde zu einem bestimmten Zeitpunkt die Kälteleistung von 100 auf 70 % reduziert.

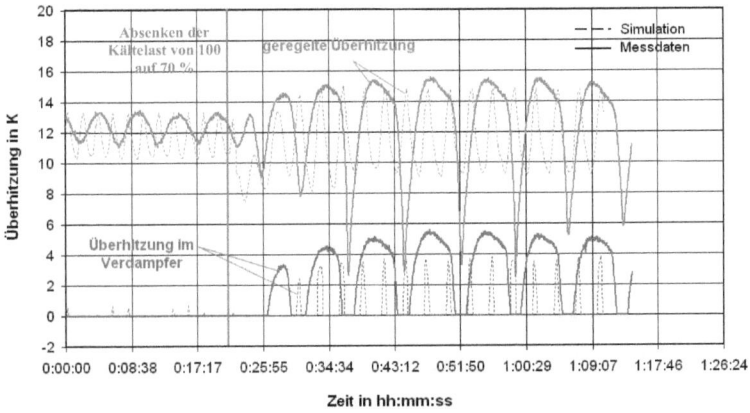

Abb. 8-1 Dynamisches Regelverhalten (TEV). Simulation- und Messergebnisse.
Überhitzung: 12K; Kondensationstemperatur: 36°C; Kälteleistung: 5kW – 3,5kW

Es gibt jedoch einige Unterschiede zwischen den Messergebnissen und der Simulation sowohl bei der Periodendauer der Temperaturschwankungen und als auch bei der Amplitude. Die Periodendauer beträgt bei der Berechnung etwa 175 s und bei dem Experiment ist sie ca. 440 s. Der größte Unterschied der Amplitude ist im IWÜ zu erkennen. Im Verdampfer kann mit der

Simulation im Vergleich zum Experiment eine gute Überstimmung beobachtet werden (der Unterschied zwischen der Simulation und den Experiment ist 1 - 1,5 K).

Die erste Hypothese für den quantitativen Unterschied zwischen Experiment und Simulation war, dass bei der Simulation ein ungünstiges Schlupfmodell verwendet worden war. Um dieser Frage nachzugehen, wurde zunächst der Flüssigkeitsvolumenanteil für zwei willkürlich gewählte konstante Werte für den Schlupf berechnet.

Abb. 8-2 zeigt, dass der Volumenanteil der Flüssigkeit sehr stark von gewählten Wert für den Schlupf abhängt: Je größer der Schlupf, desto niedriger ist die Strömungsgeschwindigkeit der Flüssigkeit, desto größer ist der Volumenanteil und desto größer ist die mittlerer Verweilzeit der Flüssigkeit im Verdampfer und desto länger ist die Totzeit der Regelstrecke.

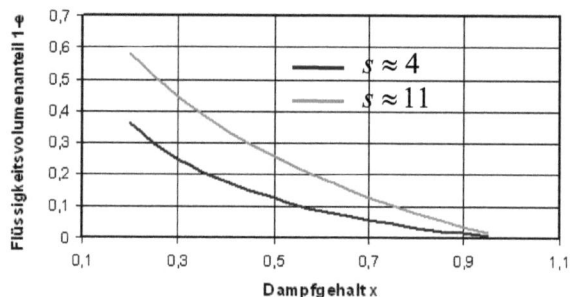

Abb. 8-2 Flüssigkeitsanteil in einem Verdampfer. Vergleich der Schlupfmodelle Bedingungen: to=0 °C; G=39,8 kg/(m²s)

Abb. 8-3 zeigt den Vergleich der Messergebnisse mit den Simulationsergebnissen mit dem Schlupf s=12. Man kann jetzt eine Verlängerung der Periodendauer der Temperaturschwankung beobachten. Diese beträgt bei der Simulation nun etwa 8 Minuten, was mit dem Experiment übereinstimmt, aber die Amplitude im Verdampfer ist bei der Simulation jetzt immer noch nur halb so groß wie beim Experiment. Und es ist noch einen Unterschied der Überhitzungsdauer im Verdampfer zu sehen.

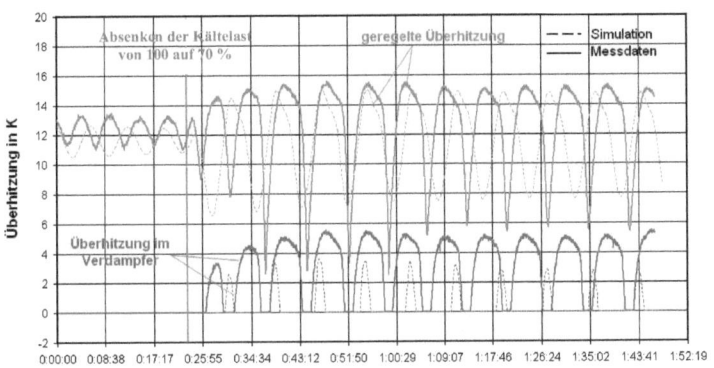

Abb. 8-3 *Dynamisches Regelverhalten (TEV). Simulation- und Messergebnisse.*

Überhitzung: 12K; Kondensationstemperatur: 36°C; Kälteleistung: 5kW – 3,5kW

Schlupfmodell: s=12

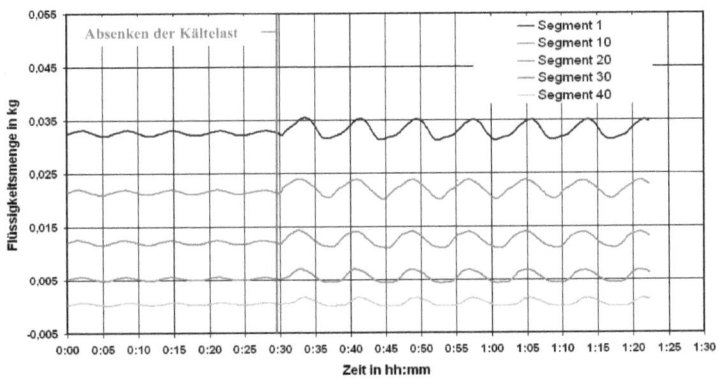

Abb. 8-4 *Dynamisches Regelverhalten (TEV). Simulationsergebnisse.*

Überhitzung: 12K; Kondensationstemperatur: 36°C; Kälteleistung: 5 kW

Abb. 8-4 zeigt für die Simulation die Änderung der Flüssigkeitsmasse in einigen Verdampferssegmenten beim Schlupf s=12. Es ist zu sehen, dass die Flüssigkeitsmenge in den

Verdampferssegmenten vor und nach dem Absenken der Kältelast wegen des konstanten Schlupfs etwa konstant bleibt.

Um bessere Simulationsergebnisse zu bekommen, wurde von nun an ein anderes Schlupfmodell verwendet, das von dem Massenstrom des Kältemittels und der Geometrie des Kanals abhängig ist.

In [22], [36] und [37] werden verschiedene Methoden beschrieben, um den Dampfanteil in einem Verdampferkanal zu bestimmen. Dabei wurden Korrelationen für den Schlupf vorgeschlagen. In der Korrelation nach Premoli ([36], [37]) wird der Schlupf als eine Funktion $s = f(x, \rho', \rho'', \text{Re}_L, We_L)$ ausgedrückt, die von der Geometrie des Kanals, Stoffeigenschaften und dem Massenstrom des Mediums abhängig ist. Diese Korrelation wurde als nächstes bei der Simulation verwendet. Das Gleichungssystem ist in Anhang A4 zusammengestellt.

Abb. 8-5 und 8-6 zeigen die Änderung des Schlupfs und der Dampf- und Flüssigkeitsgeschwindigkeit in einem Verdampfer nach Premoli. Aus Abb. 8-5 ist zu erkennen, dass die Massenstromdichte keinen großen Einfluss auf den Schlupf hat. Die Schlupfwerte bei zwei unterschiedlichen Massenstromdichten liegen sehr nah zu einander.

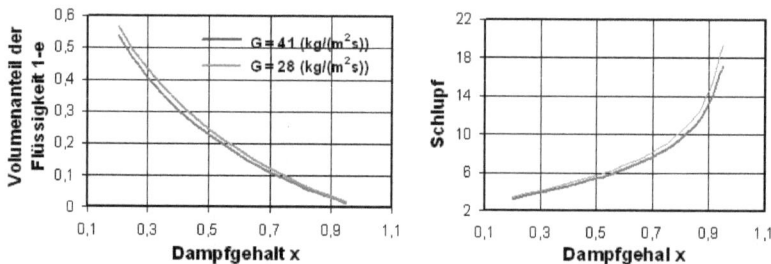

***Abb. 8-5** Flüssigkeitsanteil und Schlupf in einem Verdampfer. Korrelation nach Premoli Bedingungen: to=0 °C*

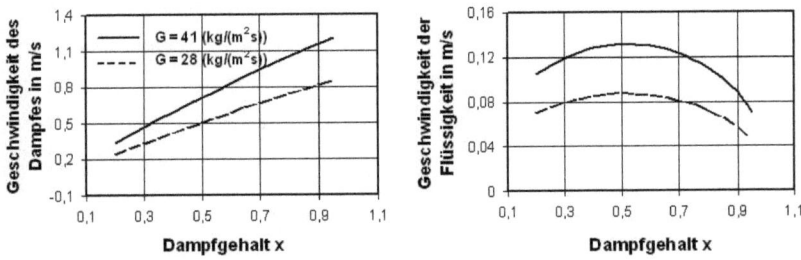

Abb. 8-6 *Dampf- und Flüssigkeitsgeschwindigkeit in einem Verdampfer. Korrelation nach Premoli Bedingungen: $t_0 = 0$ °C*

Die Abb. 8-6 stellt die Änderung der Dampf- und der Flüssigkeitsgeschwindigkeit im Verdampfer dar. Auf der rechten Seite der Abb. 8-6 ist zu erkennen, dass die Flüssigkeit im Verdampfer fast eine konstante Geschwindigkeit hat, obwohl der Schlupf entlang dem Verdampfer mit der Vergrößerung des Dampfgehalts steigt.

Bei den vorhergehenden Experimenten hatte sich herausgestellt, dass der Regelkreis immer instabiler wurde, je kleiner die Kälteleistung wurde. Wenn man nun Abb. 8-6 betrachtet, so liegt die Vermutung nahe, dass die Instabilität mit der Verweilzeit der Flüssigkeit zusammenhängen könnte.

Abb. 8-7 zeigt den Vergleich der Simulation mit der Korrelation nach Premoli mit den Messergebnissen bei denselben Experimenten wie vorher. Man kann sehen, dass die Simulation noch näher bei den experimentellen Daten liegt. Die Ursache der Instabilität ist mit der Verweilzeit der Flüssigkeit in den Rohren des Verdampfers verbunden. Es wurde ein überdimensionierter Verdampfer verwendet (Rohrdurchmesser ist zu groß für den Massenstrom). Deswegen gibt es einen großen Schlupf zwischen dem Dampf und der Flüssigkeit. In einem standardisierten Verdampfer ändert sich der Dampfgeschwindigkeit etwa zwischen 2 und 4 m/s. Im Fall des überdimensionierten Verdampfers beträgt die Dampfgeschwindigkeit nur ca. 0,5–1,5 m/s (Abb. 8-6), und nach der Laständerung ist die Dampfgeschwindigkeit noch kleiner. Die Flüssigkeit beginnt langsamer zu fließen. Dies führt zu einer späteren Signalinformation für das Expansionsventil über den Flüssigkeitsgehalt am Verdampferaustritt.

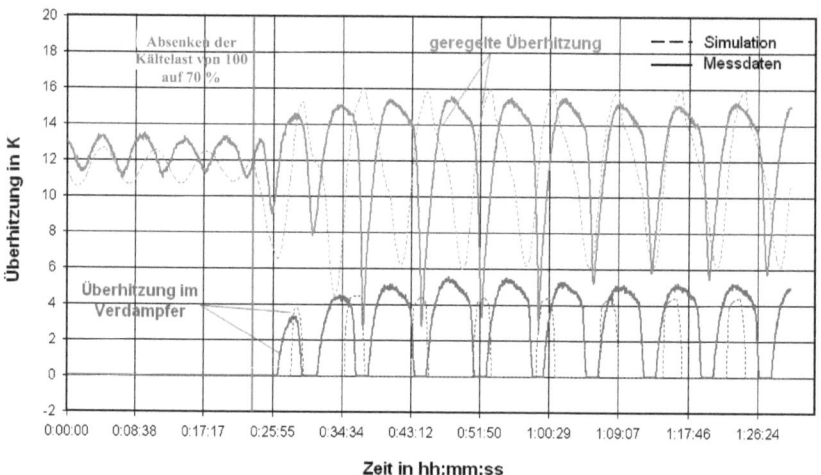

Abb. 8-7 *Dynamisches Regelverhalten (TEV). Simulation- und Messergebnisse.*
Überhitzung: 12K; Kondensationstemperatur: 36°C; Kälteleistung: 5kW – 3,5kW

8.2 Untersuchungen zur Stabilität des Regelverhaltens

Das Regelsystem der Kälteanlage besteht aus viele Komponenten. Jede Komponent hat ihre eigene Charakteristik und Übergangsfunktion G (Abb. 8-8). Diese Übergangsfunktionen müssen untersucht und festgestellt werden, um ein Problem im Regelkreis zu beheben.

Abb. 8-8 zeigt eine prinzipielle Darstellung des Regelkreises einer Anlage mit einem TEV als Regelorgan. Der Regelkreis besteht aus einer Regelstrecke, die den Verdampfer mit den IWÜ einschließt, dem Sensor, einem Regler und einem Stellglied (Ventil). Dieser Regelkreis funktioniert folgendermaßen: Aus der Regelstrecke wird die Regelgröße (in diesem Fall die Temperatur t) vom Sensor übernommen. Als Ausgangsgröße aus dem Sensor wird der Druck weiter geleitet. Die Ausgangsgröße wird vor dem Regler mit der Führungsgröße P_{soll} verglichen, und die Regeldifferenz ($P - P_{soll}$) ist die Eingangsgröße zum Regler. Aus dem Regler kommt die Regelausgangsgröße y_R und wird in das Stellglied (Ventil) eingeführt. Die Regelausgangsgröße y_R wird im Ventil in die Stellgröße (Hub des Ventils y_{EV}) transformiert, welche den Massestrom m beeinflusst. Der Massenstrom ist die Eingangsgröße in die Regelstrecke. Der Regelkreis ist geschlossen.

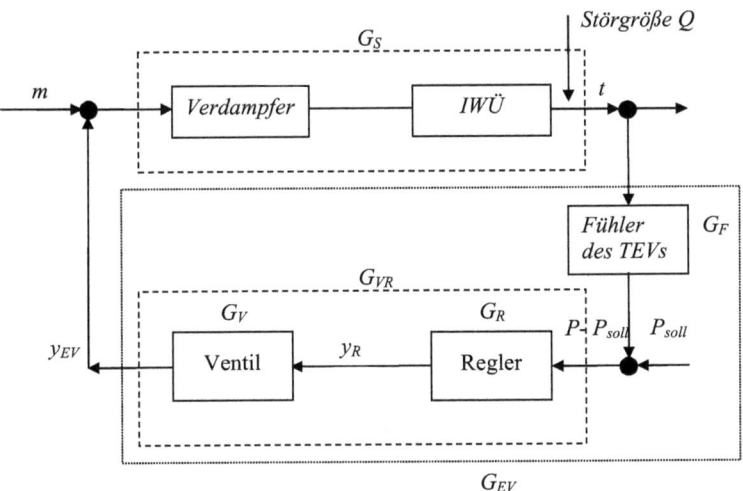

Abb. 8-8 *Regelkreis mit TEV*

Das Übertragungsverhalten der Regelstrecke wurde experimentell und theoretisch untersucht. Dabei wurden als Störgrößen einerseits die Last und anderseits der Massenstrom verändert.

Abb. 8-9 zeigt als Beispiel den Verlauf der Überhitzung auf der Strecke Verdampfer-IWÜ. Das Experiment wurde bei einem konstanten Massenstrom über den Verdampfer und einer Änderung der Kältelast zum Zeitpunkt 0:00 s von 100 auf 88 % gemacht.

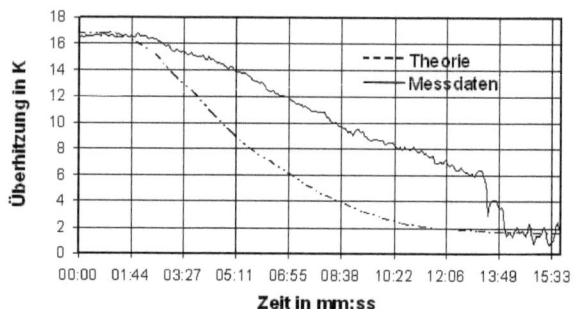

Abb. 8-9 *Regelstrecke Verdampfer-IWÜ. Simulation und Experiment.*
Verdampfungstemperatur: 1,7°C, Massenstromdichte: ca. 41 kg/(m²s)
Kälteleistung: 4,65kW – 4,1kW

Nach der Verifizierung des Verlaufes wurde festgestellt, dass die Übertragungsfunktion ein P-Glied erster Ordnung mit einer Zeitkonstante ist (PT1-Glied).

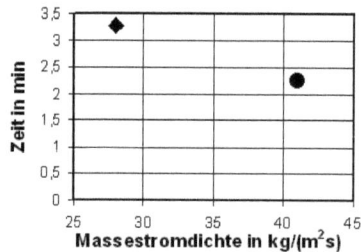

Abb. 8-10 *Verweilzeit der Flüssigkeit im Verdampfer. Theorie. Schlupf nach Premoli*

Abb. 8-10 zeigt, wie viel Zeit die Flüssigkeit braucht um vom Verdampfereingang bis zum letzten Segment des IWÜs, wo es noch keine Überhitzung gibt, zu gelangen. Die Rechnungen wurden mit dem Schlupfmodell nach Premoli und für zwei verschiedene Massenstromdichten 28 und 41 kg/(m²s) berechnet. Diese Ergebnisse stimmen gut mit der Rechnung und dem Experiment in Abb. 8-9 über ein. Nach Abb. 8-10 braucht die Flüssigkeit etwa 2,3 min, um den Überhitzungsbereich im IWÜ zu erreichen. In Abb. 8-9 ist zu erkennen, dass die Überhitzung im IWÜ nach dem Absenken der Kältelast und bei dem konstanten Massenstrom nach der Theorie in etwa 1,4 min zu sinken beginnt. Und das Experiment zeigt, dass die Überhitzung bei denselben Bedingungen in etwa 1,9 min zu fallen beginnt. Der Unterschied der Verweilzeit der

Flüssigkeit auf der Strecke Verdampfer-IWÜ zwischen den Ergebnissen in Abb. 8-9 und 8-10 kann folgendes erklären: Die in Abb. 8-10 dargestellte Berechnungen wurden bei einer konstanten Kältelast durchgeführt. Im Fall des Absenkens der Kältelast verdampft weniger Kältemittel im Verdampfer und dies führt zu einer Vergrößerung des Flüssigkeitsmassenstroms.

Die Übertragungsfunktion des TEVs wurde in zwei Untersuchungen aufgeteilt. Das Expansionsventil besteht (wie schon oben erwähnt) aus zwei Einheiten: aus dem Fühler und aus dem Ventil selbst. Jede Einheit hat eine eigene Übertragungsfunktion. Die Untersuchungen wurden theoretisch mit dem Programm *Modelica* realisiert. Abb. 8-11 zeigt die Änderung der Ausgangsgrößen für das Modell des Fühlers und des Ventils.

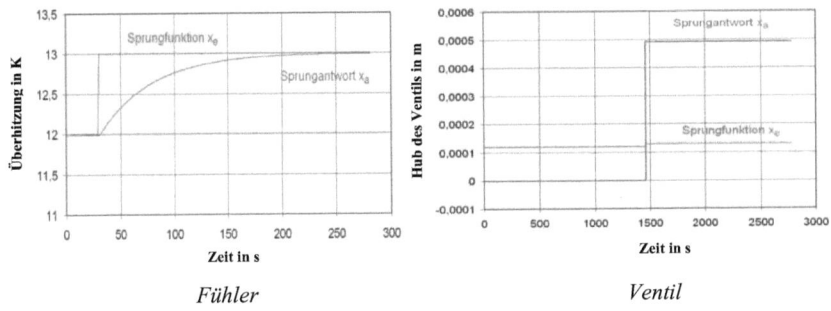

Fühler   Ventil

Abb. 8-11 *Untersuchung von der Übertragungsfunktion des Expansionsventils*

Für das Modell des Fühlers war die Störgröße eine plötzliche Änderung der Temperatur in der Saugleitung des Verdichters, und für das Modell des Ventils war die Störgröße eine sprunghafte Änderung der Kältemitteltemperatur im Fühler. Aus dem Bild ist deutlich zu sehen, dass der Fühler eine PT1-Übertragungsfunktion hat und das Ventil selbst ein Proportionalregler ist.

Alle Komponenten des Regelkreises sind hintereinander eingeschaltet. Deswegen müssen alle Übertragungsfunktionen multipliziert werden, um die gesamte Übertragungsfunktion festzustellen. Aus den oben gezeigten Untersuchungen folgt, dass das gesamte Regelsystem der Kälteanlage aus einer Übertragungsfunktion mit einem PT2-Glied besteht.

Es gibt zwei Möglichkeiten den Regelkreis mit thermostatischem Expansionsventil zu stabilisieren. Die zwei Zeitkonstanten müssen verkürzt werden. Eine Zeitkonstante bezieht sich auf die Strecke „Verdampfer-IWÜ". Die Zeitverzögerung innerhalb der Strecke hängt davon ab, wie schnell das flüssige Kältemittel fließt. Der Verdampfer hat ein deutlich größeres

Rohrvolumen als der innere Wärmeübertrager. Das Volumen des Verdampfers beträgt ca. 15 Liter und das Volumen des inneren Wärmeübertragers beträgt ca. 3 Liter. Deswegen hat der Verdampfer einen größeren Einfluss auf die Zeitkonstante der Strecke und muss genauer betrachtet werden. Alle experimentellen Untersuchungen wurden wegen Problemen mit dem Kompressor mit einem überdimensionierten Verdampfer durchgeführt. Dies bedeutet, dass der Rohrdurchmesser des Verdampfers relativ groß war für den Massestrom des Kältemittels. Dies führt zu einer langen Verweilzeit der Flüssigkeit. Um die Zeitkonstante zu verkürzen, muss ein Verdampfer mit einem kleineren inneren Rohrvolumen verwendet werden. Eine Möglichkeit, das Rohrvolumen zu reduzieren, ist, Rohre mit einem kleineren inneren Durchmesser einzusetzen. In Abb. 8-12 und 8-13 sind die Simulationsergebnisse dargestellt, die einen Einfluss des Rohrdurchmessers auf die Stabilität des Regelsystems und den Schlupf zeigen.

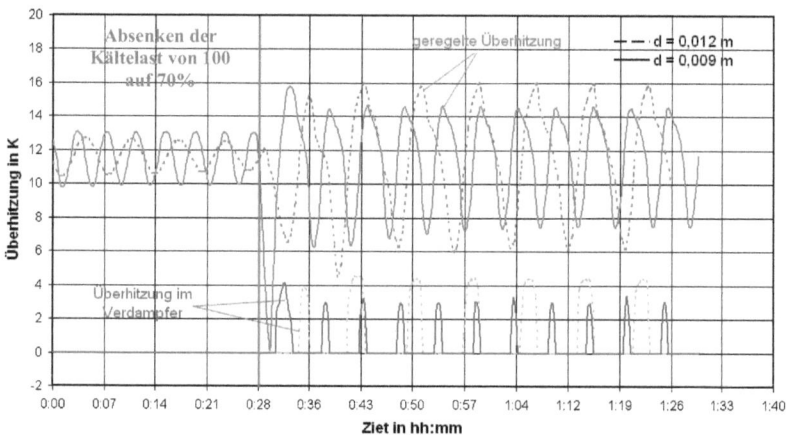

Abb. 8-12 *Instationäre Simulationsrechnung. Einfluss des Rohrdurchmessers.*

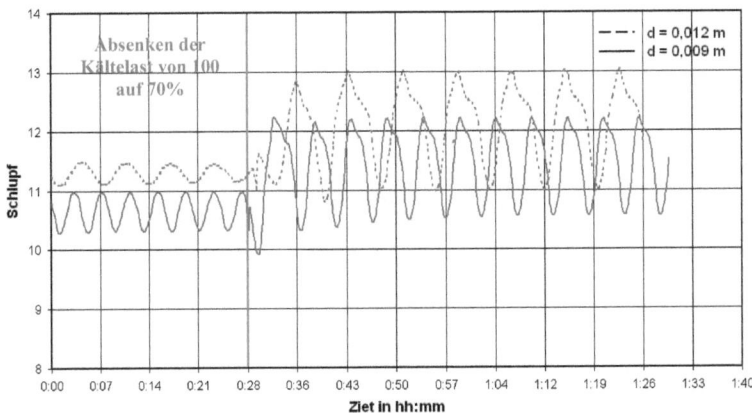

***Abb. 8-13** Instationäre Simulationsrechnung. Einfluss des Rohrdurchmessers auf den Schlupf.*

Die Bilder zeigen, dass eine Verkleinerung des Innenrohrdurchmessers im Verdampfer zu einer Verbesserung der Funktionalität des Regelsystems führt.

Die zweite Zeitkonstante gehört zum Fühler des thermostatischen Expansionsventils. Eine Verkleinerung des Volumens sowie auch der Füllmenge des Fühlers muss zu einer Verkürzung der Zeitkonstante führen. Aber das könnte auch eine negative Wirkung auf die Wärmeübertragung im Fühler haben, was zu einem umgekehrten Effekt führen kann.

Deswegen erscheint als einzige aussichtsreiche Verbesserung der Regelsystemstabilität die Entwicklung einer neuen Konstruktion des Verdampfers.

Um die theoretische Vermutung, dass bei einer Verkleinerung des Rohrvolumens eine bessere Stabilität des Regelsystems zu erreichen ist, wurde eine weitere experimentelle Untersuchung mit dem gleichem Verdampfer und IWÜ aber mit einem größeren Verdichter durchgeführt. Es wurde ein Scrollverdichter der Fa. Danfoss verwendet. Die technischen Daten sind Anhang A1 Tabelle A6 zu entnehmen. Es war möglich, mit dem Verdichter eine größere Kälteleistung zu erreichen. Um den Verdampfungsdruck konstant zu halten, wurde ein Verdampfungsdruckregler nach dem IWÜ eingebaut.

Abb. 8-14 zeigt das Regelverhalten beim Einsatz des größeren Verdichters. In diesem Fall beträgt der Massenstromdichte ca. 68 kg/(m^2s), und der mittlere Schlupf im Verdampfer ist etwa 9. Die Dampfgeschwindigkeit ändert sich entlang dem Verdampfer zwischen 0,7 und 2,5 m/s.

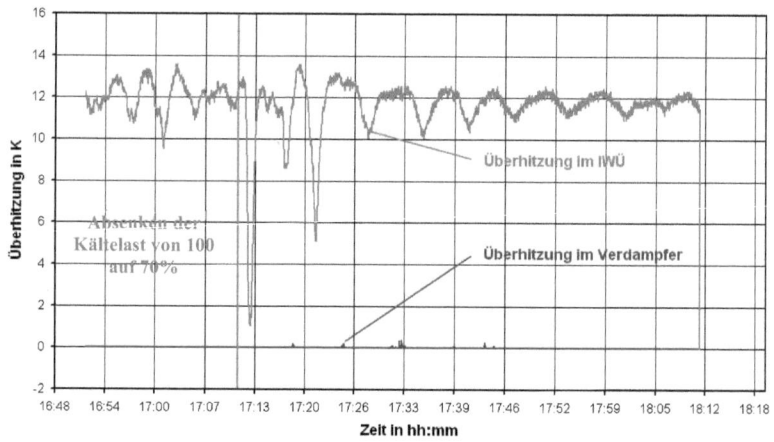

Abb. 8-14 *Dynamisches Regelverhalten (TEV). Einsatz des größeren Verdichters.*
Überhitzung: 12 K. Kondensationstemperatur: 34 °C, Kälteleistung: 8,7kW – 6,1kW

Nach dem Absenken der Kälteleistung sinkt die geregelte Überhitzung kurzzeitig bis auf etwa 1K, und dann findet das Regelsystem einen stabilen Arbeitspunkt. Dafür braucht das Regelsystem ca. 20 Minuten.

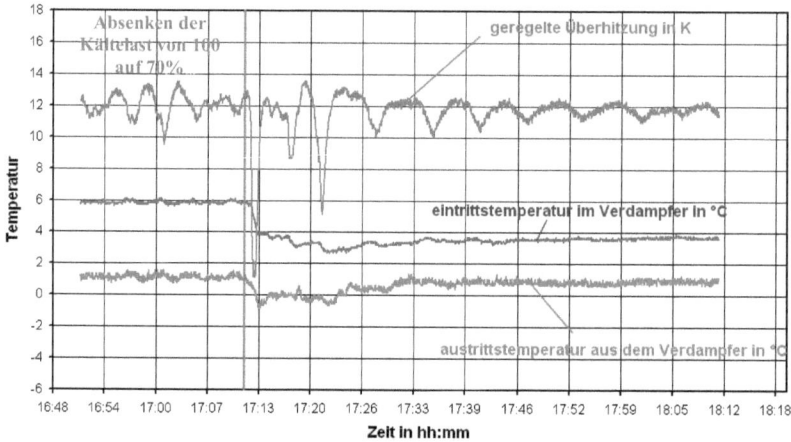

Abb. 8-15 *Dynamisches Regelverhalten (TEV). Einsatz des größeren Verdichters.*
Überhitzung: 12 K. Kondensationstemperatur: 34 °C, Kälteleistung: 8,7kW – 6,1kW

In Abb. 8-15 ist der Temperaturverlauf auf der Strecke „Verdampfer-IWÜ" dargestellt. Es ist zu sehen, dass bei größeren Massenstromdichten und kleinerem Schlupf das System mit einem TEV stabil funktioniert. Eine größere Flüssigkeitsgeschwindigkeit im Verdampfer führt zu einer schnelleren Reaktion des Ventils auf eine Änderung des Flüssigkeitsgehalts am Austritt aus dem Verdampfer.

Mit dem Experiment wurde bestätigt, dass eine Reduktion der Zeitkonstanten des Verdampfers (Abb. 8-12) zu einer Stabilität des gesamten Regelsystems führt.

Dieses Experiment kann auch die stabile Funktionalität des Systems mit dem elektronischen pulsmodulierten Expansionsventil erklären. Das Ventil funktioniert so, dass bei einer Öffnung des Ventils mehr als 100% des benötigten Massestroms durchfließt. Dies führt zu einer momentanen größeren Flüssigkeitsgeschwindigkeit im Verdampfer auch bei kleinerer Kältelast und stark überdimensioniertem Verdampfer.

Abb. 8-16 stellt eine Zusammenfassung der Experimente dar. Man kann die Amplitude der Überhitzung nach der Kältelaständerung als eine Funktion der Kältelast sehen. Die dargestellten Ergebnisse wurden mit demselben Verdampfer, der Überhitzung von 12K und der Kondensationstemperatur 34 – 36 °C ermittelt.

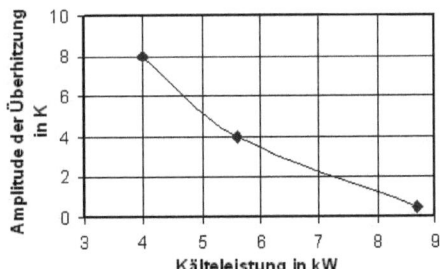

Abb. 8-16 Amplitude der Überhitzung.
Überhitzung: 12K. Kondensationstemperatur: 34-36 °C, Verflüssiger: 64,7 m^2

Der Einsatz eines stark überdimensionierten Verdampfers (doppelt so groß, wie es notwendig ist) führte zur Instabilität des Regelsystems bei Kältelaständerungen. Die Kälteanlage ist in diesem Fall nicht flexibel. Aber die Verwendung des überdimensionierten Verdampfers führt auch, wie in Kapitel 7 gezeigt wurde, zu einer Verbesserung des COP. Will man also einen besseren COP und gleichzeitig ein stabiles Regelverhalten erreichen, so muss man eine neue Konstruktion des Verdampfers entwickeln.

Es muss darauf hingewiesen werden, dass eine so plötzliche große Änderung der Kältelast von 100 auf 70 % in Realität kaum zu erwartet ist. Normalerweise sinkt die Kältelast langsamer. Es wurden auch Experimente mit langsamerer Kältelaständerung durchgeführt. Abb. 8-15 zeigt die Ergebnisse. Es ist zu sehen, dass in diesem Fall keine Gefahr entsteht, dass Flüssigkeit in den Verdichter kommt. Die Kälteleistung wurde insgesamt in sieben Schritten von je etwa 250 – 500 W mit einem Zeitintervall von 2 bis 5 Minuten geändert.

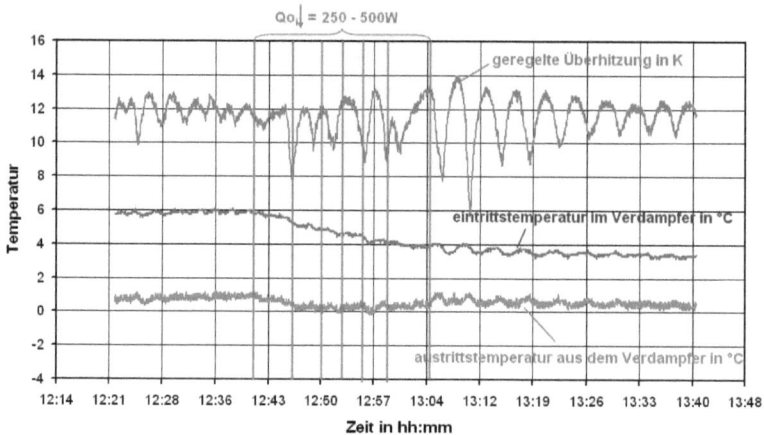

Abb. 8-15 *Dynamisches Regelverhalten (TEV). Kältelaständerung: von 8,5 auf 6,1 kW in kleineren Schritten*

Überhitzung: 12 K. Kondensationstemperatur: 36,5 °C.

9 Zusammenfassung und Ausblick

Die Arbeit beschäftigt sich mit der Energieeinsparung in Kompressionskälteanlagen mit Trockenverdampfer durch den Einsatz der Kombination eines Expansionsventils und eines inneren Wärmeübertragers. Im Rahmen der Arbeit wurden zwei Kältekreisläufe (mit Verteilung des Kondensats vor dem IWÜ und mit IWÜ in Gleichstrombauweise) experimentell und theoretisch untersucht.

Durch Realisierung der Kombination von TEV und IWÜ in beiden untersuchten Kältekreisläufen ergibt sich eine Möglichkeit, mit höheren Verdampfungstemperaturen zu arbeiten. Die Möglichkeit, überdimensionierter Verdampfer einzusetzen, führt zu einer weiteren Anhebung der Temperatur im Verdampfer. Es dürfte sich lohnen einen doppelt so großen Verdampfer als üblich, aber mit möglichst kleinem Rohrvolumen in den Kältekreislauf einzuführen. Im Fall der

Schaltung mit der Verteilung des Kondensats vor dem IWÜ kann die Verdampfungstemperatur um mehr als 1,5 K angehoben werden. Und im Fall des Kältekreislaufes mit IWÜ in Gleichstrombauweise kann die Verdampfungstemperatur sogar um mehr als 2K angehoben werden. Damit wird der Energieverbrauch niedriger und die volumetrische Kälteleistung steigt an.

Die Erhöhung der Verdampfungstemperatur führt auch zu einem geringeren Abtaubedarf. Die Zeit für das Abtauen kann verkleinert werden, oder das Abtauen kann bei manchen Anwendungen sogar komplett vermieden werden.

Die Ausnutzung der gesamten Fläche des Verdampfers nur für die Verdampfung des Kältemittels führt zu einer sehr kleinen Temperaturdifferenz zwischen der Luftaustrittstemperatur aus dem Verdampfer und der Verdampfungstemperatur. Damit ist es möglich, die Lufttemperatur präzise zu regeln.

Der Kältekreislauf mit der Verteilung des Kondensats vor dem IWÜ hat eine komplizierte Schaltung. Es ist notwendig, im Regelsystem ein zweites Expansionsventil einzusetzen. Dies macht den gesamten Kältekreislauf und insbesondere das Regelsystem komplizierter. Deswegen geben wir dem Kältekreislauf mit IWÜ in Gleichstrombauweise eine größere Zukunftschance. Der Kältekreislauf arbeitet auch bei größeren Lastwechseln stabil.

Der Einsatz des TEVs in Kombination mit dem IWÜ in Gleichstrombauweise ist realisierbar und funktionsfähig auch bei leicht überdimensionierten Verdampfern (bis 20 % überdimensioniert). Der Einsatz von noch mehr überdimensionierten Verdampfern ist mit Schwierigkeiten im Regelsystem verbunden. Kleinere Geschwindigkeit der Flüssigkeit in den Rohren führen zur Instabilität des gesamten Regelsystems.

Für weitere Untersuchungen werden folgende Themen vorgeschlagen: Es ist sinnvoll, nach einer Minimierung des Flüssigkeitsgehalts im Verdampfer zu streben. Obwohl im Kältekreislauf ein überdimensionierter Verdampfer eingesetzt werden sollte, soll die Flüssigkeitsgeschwindigkeit in den Rohren hoch sein (Verwendung kleineren Röhre aber großer Wärmeaustauschfläche). Der innere Wärmeübertrager soll kompakt und ein Teil des Verdampfers sein. Aus all dem folgt, dass man nach neuer Konstruktionsideen für Verdampfer suchen sollte.

Literaturverzeichnis

[1]   Mickan, P.; Fischer, H.; Handbuch Grundlagen der Kältetechnik

[2]   H. L. von Cube; Lehrbuch der Kältetechnik; Bd. 1; C.F. Müller Verlag; Karlsruhe 1981

[3]   H. L. von Cube; Lehrbuch der Kältetechnik; Bd. 2; C.F. Müller Verlag; Karlsruhe 1981

[4]   Liang Yang; Chun-Lu Zhang; Two-fluid model of refrigerant two-phase flow through short tube orifice; International Journal of Refrigeration 28; s. 419-427; 2005

[5]   Bäckström, M; Emblik, E; Kältetechnik; Karlsruhe 1965

[6]   Müller, C.F.; Der Kälteanlagenbauer; Bd. 1; Karlsruhe 1988

[7]   Müller, C.F.; Der Kälteanlagenbauer; Bd. 2; Karlsruhe 1988

[8]   Modelica Association; Modelica – A Unified Object-Oriented Language for Physical Systems Modeling; 2000

[9]   Fritzson, P; Proceeding of the 3rd International Modelica Conference; Linkoping 2003

[10]   Eborn, J; Tummescheit, H.; Wagner, F.; ThermoFluid A Thermo-Hydraulic Library in Modelica

[11]   The Modelica Association; Modelica language specification, version 1.3 www.Modelica.org/Documents; 1999

[12]   Dynasim; Dymola. Dynamic Modeling Laboratory; Lund, Sweden 1992-2002

[13]   Jungnickel, H.; Agsten, R.; Kraus, E.; Grundlagen der Kältetechnik; Verlag Technik GmbH Berlin, 1991

[14]   Stephan, K.; Wärmeübergang beim Kondensieren und beim Sieden; Springer Verlag; Berlin, 1988

[15]   VDI-Wärmeatlas: Berechnungsblätter für den Wärmeübergang; 8. Aufl.; Springer Verlag; Berlin, 1997

[16]   McLinden, M.O.; Klein, A.S.; Lemmon, E.W.; Peskin, A.P.; NIST Standard Reference Database 23, REFPROP, Thermodynamic and Transport Properties of Refrigerants and Refrigerant Mixtures; Vers. 6.01; USA; 1998

[17]   Skovrup, M.J.; Kundensen, H.J.H.; Holm, H.V.; Refrigeration Utilities; Vers. 2.72; Dep. Of Energy Engineering, DTU; 1998

[18]   Ноздрев, И.Ф.; Курс термодинамики; Москва; 1968

[19] Skovrup, M.J.; Kundensen, H.J.H.; Holm, H.V.; Stoff- und Wärmeübertragung; 1994

[20] Huhn, J.: Umdrucke zur Lehrveranstaltung Technische Thermodynamik Teil1: Wärmeübertragung – TU Dresden, Institut für Thermodynamik und TGA, 2006

[21] Huhn, J.: Umdrucke zur Lehrveranstaltung Technische Thermodynamik Teil2: Wärmeübertragung – TU Dresden, Institut für Thermodynamik und TGA, 1998

[22] Philipp, J.: Optimierung von Haushaltkühlgeräten mittels numerischer Modellierung, Forschungsberichte des Deutschen Kälte- und Klimatechnischen Vereins Nr.65, 2002

[23] Kleinert, H.-J.: Kolbenmaschinen Strömungsmaschinen, Taschenbusch Maschinenbau, Bd. 5, 1989

[24] Бежанишвили, Э.М.; Быков, А.В.; Гуревич, Е.С.; Дремлюх, Т.С.; Калнинь, И.М. и др.; Холодильные компрессоры; Холодильная техника; 1980

[25] Kleinert, H.-J.: Fluidenergiemaschinen, Kältemaschinen und Wärmepumpen, Fachwissen des Ingenieurs, Bd. 4, 1987

[26] Nestler, W.; Wobst, E: Elektronische Einspritzregelung für Kältemittel, VEB Kombinat ILKA Luft- und Kältetechnik, Stammbetrieb für Forschung und Technik, S.34-36

[27] Nowotnick, M,; Wobst, E.: Experimentelle Kennwertermittlung der Überhitzung einer Kompressoinskälteanlage, Luft- und Kältetechnik, 1974/5, S. 190-193

[28] Nowotnick, M.; Wobst, E.: Modellierung der Überhitzungsregelung einer Kompressionskälteanlage, Luft- und Kältetechnik, 1976/4

[29] Regelungs- und Steuerungstechnik, Entwurf DIN 19 226 Teil 2 Apr. 1985

[30] Aguilar, J.; Cäsar, R.; Köhler, J.; Tegethoff, W.; Tischendorf, Ch.; Wege zur Modellierung von thermostatischem Expansionsventilen, Luft- und Kältetechnik, 1-2/2006

[31] Френкель, М.; Поршневые компрессоры, Машиностроение, Ленинград, 1969

[32] Ciconkov, R.; Hilligweg, A.; Ein modulares physikalisches Modell zur Simulation von Kälteanlagen, Nürnberg, 2004

[33]
http://www.danfoss.com/Germany/Products/Categories/Categories.htm?segment=RA&category=http%3a%2f%2fde.refrignet.danfoss.com%2fra%2fProducts%2fProductCatalogue.asp%3fNavigation%3dHideOnAllPages%26Footer%3dHideonallpages%26Division%3dCC%26HL%3d1%26TopViewItem%3d74%26AppID%3d%7b5e0ba72b-7155-11d5-b8ea-00508bf7e573%7d%26dyn_lang%3dDE Leistungsdaten des Verdichters, Danfoss, 12.05

[34] Kaiser, E.; Grundlagen der Mess- und Automatisierungstechnik, 15. Auflage, 2004

[35] Kaiser, E.; Grundlagen der Mess- und Automatisierungstechnik (Einführung in ausgewählte Teile), 4 Ausgabe, 2004

[36] Rice, C.K.; The effect of void fraction correlation and heat flux assumption on re.; S. 341 – 367; Ashera Transations. – 88 Part 1, 1987

[37] Hewitt, G.F.; Shires, G.L.; Bott, T.R.; Process Heat Transfer; 1994

[38] Huhn, J.; Lehrveranstaltung Wärme- und Stoffübertragung, Vorlesungsskript; 2007

Anhang

A 1 Abmessungen und technische Daten von Kältekomponenten

Tabelle A.1 Geometrie und Masse des Verdampfers

Bezeichnung	Einheit	Wert
Gesamte Länge	mm	1363
Gesamte Höhe	mm	747
Gesamte Breite	mm	544
Austauschfläche	m^2	67,4
Rohrinhalt	l	15,4
Luftvolumenstrom bei allen Experimenten	m^3/h	6270
Motorleistung des Ventilators	kW	0,75
Gesamte Länge der Rohre	m	112
Anzahl der parallelen Rohre	St.	8
Länge eines Kältemittelskanals	mm	1000
Abstand zwischen Kältemittelkanälen	mm	50
Querschnittfläche des Kältemittelkanals	m^2	$7 \cdot 10^{-5}$
Rohrmaterial	-	Kupfer
Rippenmaterial	-	Aluminium
Leergewicht	kg	84,5

Tabelle A.2 Geometrie und Masse des inneren Wärmeübertragers

Bezeichnung	Einheit	Wert
Gesamtbaulänge	mm	1250
Mantelrohrdurchmesser	mm	54
Anzahl der inneren Rohre	St.	5

Länge der Innenrohre	mm	1000
Oberfläche Niederdruckseite	m²	0,8
Inhalt des Mantelraums (NDS)	dm³	1,3
Inhalt des Rohrraums (HDS)	dm³	0,35
Leergewicht	kg	52

Tabelle A.3 Daten des Verflüssigungssatzes

Bezeichnung	Einheit	Wert
Gesamte Höhe	mm	555
Gesamte Breite	mm	1000
Gesamte Länge	mm	700
Austauschfläche des Verflüssigers	m²	55
Verflüssigervolumen	l	4,7
Luftvolumenstrom	m³/h	3600
Sammlervolumen	l	7,5
Hubvolumen des Verdichters @ 50 Hz	m³/h	10,52
Nenndrehzahl des Verdichters @ 50 Hz	U/min	2900
Anzahl Verdichterzylinder	St.	1
Leergewicht des Verdichters	kg	25
Gesamte Gewicht des Verflüssigungssatzes	kg	96

Tabelle A.4 Daten der Tiefkühlzelle

Bezeichnung	Einheit	Wert
Außenmasse (Breite x Tiefe x Höhe)	mm	3950 x 2450 x 2200
Wanddicke	mm	100
k-Wert der Isolierung (Polyurethan-Hartschaum)	W/(m²K)	0,22

Tabelle 5 *Abmessungen des Rohr in Rohr-Wärmeübertrager*

Bezeichnung	Einheit	Wert
Durchmesser des Außenrohrs	mm	32x2
Durchmesser des Innenrohrs	mm	18x1
k-Wert der Isolierung (Polyurethan-Hartschaum)	$W/(m^2K)$	0,22

Tabelle 6 *Technische Daten des Scrollverdichters*

Bezeichnung	Einheit	Wert
Typ		SZ090-4
Hubvolumen des Verdichters @ 50 Hz	m^3/h	21,0
Nenndrehzahl des Verdichters @ 50 Hz	U/min	2900
Nennspannung bei 50Hz	V//Hz	380-400/3/50

A 2 Kältemitteleigenschaften

Tabelle A.7 Eigenschaften des Kältemittels R507

Zustandgröße	Polynomische Gleichung
h'	$-1{,}4678 \cdot p^6 + 16{,}9439 \cdot p^5 - 77{,}8340 \cdot p^4 + 183{,}7039 \cdot p^3 - 243{,}6808 \cdot p^2 + 222{,}6148 \cdot p + 121{,}6133$
h''	$-0{,}865320 \cdot p^6 + 9{,}719592 \cdot p^5 - 43{,}833604 \cdot p^4 + 101{,}616212 \cdot p^3 - 133{,}745415 \cdot p^2 + 108{,}813668 \cdot p + 326{,}841374$
ρ'	$-11{,}5793 \cdot p^5 + 88{,}4818 \cdot p^4 - 270{,}4881 \cdot p^3 + 423{,}8925 \cdot p^2 - 489{,}1773 \cdot p + 1351{,}5981$
ρ''	$-0{,}2562746 \cdot p^6 + 2{,}1614271 \cdot p^5 - 6{,}7879437 \cdot p^4 + 12{,}1995701 \cdot p^3 - 7{,}6730961 \cdot p^2 + 52{,}3723845 \cdot p + 0{,}3674389$
η'	$6{,}8003251 \cdot p^6 - 77{,}2048663 \cdot p^5 + 347{,}3327498 \cdot p^4 - 792{,}6393208 \cdot p^3 + 983{,}4528409 \cdot p^2 - 697{,}1448867 \cdot p + 373{,}4188577$
η''	$0{,}112316 \cdot p^5 - 0{,}961592 \cdot p^4 + 3{,}331475 \cdot p^3 - 5{,}619169 \cdot p^2 + 6{,}585084x + 8{,}615775$
c_P'	$0{,}016405 \cdot p^5 - 0{,}097202 \cdot p^4 + 0{,}260639 \cdot p^3 - 0{,}326594 \cdot p^2 + 0{,}419146 \cdot p + 1{,}190076$
c_P''	$0{,}0228 \cdot p^5 - 0{,}1352 \cdot p^4 + 0{,}3716 \cdot p^3 - 0{,}4881 \cdot p^2 + 0{,}6118 \cdot p + 0{,}7212$
λ'	$-0{,}00199218 \cdot p^3 + 0{,}01425881 \cdot p^2 - 0{,}04002572 \cdot p + 0{,}09762742$
λ''	$0{,}000246 \cdot p^4 - 0{,}000298 \cdot p^3 - 0{,}001246 \cdot p^2 + 0{,}007551 \cdot p + 0{,}008663$
c_V'	$0{,}016405 \cdot p^5 - 0{,}097202 \cdot p^4 + 0{,}260639 \cdot p^3 - 0{,}326594 \cdot p^2 + 0{,}419146 \cdot p + 1{,}190076$
c_V''	$-0{,}0083 \cdot p^6 + 0{,}0738 \cdot p^5 - 0{,}2681 \cdot p^4 + 0{,}5175 \cdot p^3 - 0{,}5884 \cdot p^2 + 0{,}4979 \cdot p + 0{,}6221$
t	$-3{,}305503 \cdot p^6 + 29{,}255917 \cdot p^5 - 105{,}536480 \cdot p^4 + 201{,}695405 \cdot p^3 - 226{,}939305 \cdot p^2 + 180{,}431405 \cdot p - 60{,}014161$

Tabelle A.8 Eigenschaften des Ammoniaks

Zustandgröße	Polynomische Gleichung
h'	$-58{,}991p^6 + 430{,}23p^5 - 1262{,}5p^4 + 1926{,}8p^3 - 1682{,}8p^2 + 997{,}38p - 32{,}843$
h''	$-29{,}364p^6 + 208{,}98p^5 - 595{,}2p^4 + 874{,}71p^3 - 725{,}2p^2 + 359{,}84p + 1389{,}8$
ρ'	$15{,}331p^6 - 112{,}12p^5 + 330{,}47p^4 - 507{,}76p^3 + 448{,}03p^2 - 275{,}76p + 704{,}7$
ρ''	$-0{,}0639p^6 + 0{,}4758p^5 - 1{,}427p^4 + 2{,}2792p^3 - 2{,}0018p^2 + 8{,}4692p + 0{,}0513$
η'	$31{,}389p^6 - 237{,}34p^5 + 726{,}5p^4 - 1161{,}2p^3 + 1051p^2 - 569{,}68p + 291{,}15$
η''	$-0{,}2097p^6 + 1{,}6221p^5 - 5{,}1136p^4 + 8{,}53p^3 - 8{,}3267p + 5{,}7133p + 7{,}6158$
c_P'	$-0{,}0673p^6 + 0{,}4908p^5 - 1{,}4356p^4 + 2{,}1643p^3 - 1{,}7966p^2 + 1{,}0663p + 4{,}3617$
c_P''	$-0{,}0689p^6 + 0{,}5056p^5 - 1{,}5012p^4 + 2{,}3532p^3 - 2{,}1677p^2 + 1{,}8827p + 2{,}1298$
λ'	$0{,}0264p^6 - 0{,}2014p^5 + 0{,}625p^4 - 1{,}025p^3 + 0{,}9815p^2 - 0{,}6334p + 0{,}7127$
λ''	$-0{,}0002p^6 + 0{,}0019p^5 - 0{,}006p^4 + 0{,}0102p^3 - 0{,}0106p^2 + 0{,}0109p + 0{,}02$
c_V'	$0{,}0118xp^6 - 0{,}0938p^5 + 0{,}3014p^4 - 0{,}5092p^3 + 0{,}504p^2 - 0{,}3296p + 2{,}8801$
c_V''	$-0{,}0271p^6 + 0{,}2118p^5 - 0{,}678p^4 + 1{,}1636p^3 - 1{,}2156p^2 + 1{,}0601p + 1{,}6149$
t	$-13{,}513p^6 + 98{,}514p^5 - 288{,}92p^4 + 440{,}46p^3 - 383{,}77p^2 + 223{,}7p - 51{,}542$

A 3 Innerer Wirkungsgrad des Verdichters

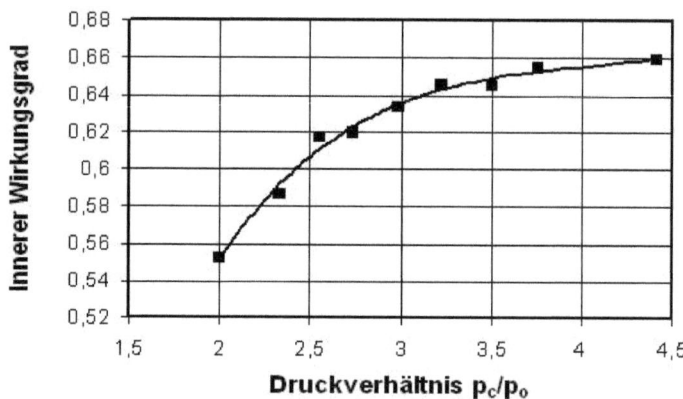

Abb. A.1 *Innerer Wirkungsgrad des Verdichters*

Durch von dem Hersteller veröffentliche Leistungsdaten des Verdichters bei Nennbedingungen [33] wurde der innere Wirkungsgrad als Funktion vom Druckverhältnis ermittelt. Abb. A.1 zeigt die Änderung des inneren Wirkungsgrades beim Druckverhältnis $\pi \leq 5$. Der Wirkungsgrad lässt sich durch ein Polynom vierter Ordnung beschrieben:

$$\eta_i = -0{,}002247\pi^4 + 0{,}040197\pi^3 - 0{,}249534\pi^2 + 0{,}729804\pi - 0{,}157974 \qquad (A.1)$$

A 4   Schlupfmodell

Es wurden für die Modellierung des Zweiphasengebiets zwei Modelle für den Schlupf verwendet. Eines geht davon aus, dass der Schlupf innerhalb einer Strecke konstant bleibt und kann mit folgender Gleichung berechnet werden:

$$s = \left(\frac{\rho'}{\rho''}\right)^a \tag{A.2}$$

Das zweite Modell ist eine Korrelation nach Premoli und ist eine Funktion von Kanalgeometrie und Stromparameter. Die ergibt nachfolgende Berechnungsgleichung:

$$s = 1 + E_1 \sqrt{\frac{y}{1+yE_2} - yE_2} \tag{A.3}$$

mit

$$y = \frac{x}{1-x} \frac{\rho'}{\rho''} \tag{A.4}$$

Die Strömungsparameter E_1 und E_2 werden mit der Reynoldszahl und der Weberzahl des homogenen Zweiphasengebiets berechnet:

$$Re = \frac{G \cdot d_H}{\eta' + x \cdot (\eta'' - \eta')} \tag{A.5}$$

$$We = \frac{c^2 \cdot d_H \rho'}{\sigma \cdot g} \tag{A.6}$$

$$E_1 = 1{,}578 \cdot Re^{-0{,}19} \left(\frac{\rho'}{\rho''}\right)^{0{,}22} \tag{A.7}$$

$$E_2 = 0{,}02373 \cdot Re^{-0{,}51} \cdot We \left(\frac{\rho'}{\rho''}\right)^{-0{,}08} \tag{A.8}$$

Die VDM Verlagsservicegesellschaft sucht für wissenschaftliche Verlage abgeschlossene und herausragende

Dissertationen, Habilitationen, Diplomarbeiten, Master Theses, Magisterarbeiten usw.

für die kostenlose Publikation als Fachbuch.

Sie verfügen über eine Arbeit, die hohen inhaltlichen und formalen Ansprüchen genügt, und haben Interesse an einer honorarvergüteten Publikation?

Dann senden Sie bitte erste Informationen über sich und Ihre Arbeit per Email an *info@vdm-vsg.de*.

Sie erhalten kurzfristig unser Feedback!

VDM Verlagsservicegesellschaft mbH
Dudweiler Landstr. 99
D - 66123 Saarbrücken

Telefon +49 681 3720 174
Fax +49 681 3720 1749

www.vdm-vsg.de

Die VDM Verlagsservicegesellschaft mbH vertritt

Printed by Books on Demand GmbH, Norderstedt / Germany